蜡烛的故事

（英）法拉第◎著

墨硝◎译

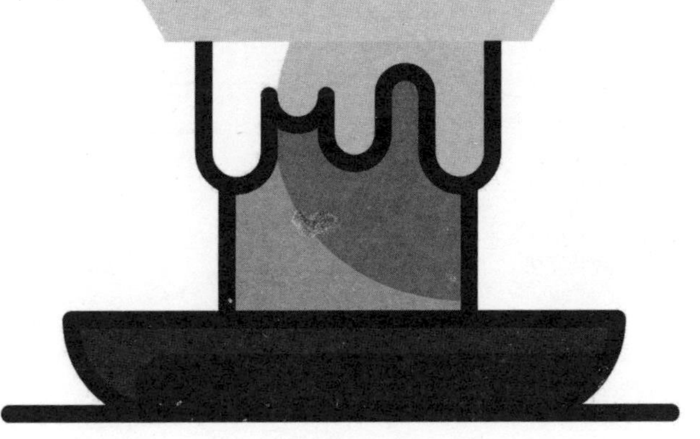

四川文艺出版社

图书在版编目（CIP）数据

蜡烛的故事 / (英) 法拉第著；墨硝译. -- 成都：四川文艺出版社，2021.9
ISBN 978-7-5411-6060-8

Ⅰ. ①蜡… Ⅱ. ①法… ②墨… Ⅲ. ①化学 – 青少年读物 Ⅳ. ①O6-49

中国版本图书馆CIP数据核字(2021)第147490号

LAZHU DE GUSHI
蜡烛的故事
（英）法拉第 著 墨硝 译

出品人 张庆宁
责任编辑 李国亮 邓敏
责任校对 汪平

出版发行 四川文艺出版社
社址 成都市槐树街2号
网址 www.scwys.com
电话 028-86259303
传真 028-86259306

读者服务 028-86259303
印刷 三河市冀华印务有限公司
成品尺寸 145mm×210mm 1/32
印张 5.25 字数 83千
版次 2021年9月第一版 印次 2021年9月第一次印刷
书号 ISBN 978-7-5411-6060-8
定价 29.80元

第一讲

蜡烛——火焰——来源——结构——移动性——亮度

001

⋮

第二讲

蜡烛：火焰的亮度——燃烧所需的空气——水的产生

025

⋮

第三讲

产物：燃烧生成的水——水的属性——化合物——氢

047

⋮

第四讲
蜡烛中的氢——燃烧生成水——水的另一组成部分——氧
071

第五讲
空气中的氧——空气的本质——空气的属性——蜡烛的其他产物——碳酸——碳酸的属性
093

第六讲
碳或木炭——煤气——呼吸及其与蜡烛燃烧的相同点——结论
119

铂金的故事
142

第一讲

蜡烛

火焰

来源

结构

移动性

亮度

0 0 3

⋮

感谢大家前来参加我的讲座，我将在这几场讲座里为大家讲解一根蜡烛的化学史。过去我曾讲授过这一课题。如果条件允许，我愿意每年都讲授它——这一课题的相关领域十分丰富，它自然为哲学的各项分支提供了种类繁多的出口。这些现象涉及的法则支配着宇宙的方方面面。要想走进自然哲学的研究领域，最好的方式便是研究蜡烛的物理现象，任何新式课题都不会比这一课题更合适，因此，我相信我的选择不会令你们失望。

讲课之前，我想补充一点——尽管我们的课题十分重要，我也愿意用诚实、严肃、理智的态度来对待它，但我想放弃成年人的立场。我希望能站在未成年人的角度与未成年听众对话。我在过去曾经尝试过这种方式——如果你们愿意，我们可以再来一次。尽管我之所以站在这里是为了给大家讲课，但这并不妨碍我用熟悉的方式与在场最亲切的听众进行交流。

孩子们，首先我要告诉你们蜡烛是由什么制成的。这其中包括一些十分新奇的东西。我在这里准备了几块木材，它们来自几种易燃的树木。你们看，这是从爱尔兰沼泽里获取的一种奇妙的物质，它叫蜡烛木——一种坚固而又优质的木材，它显然是一种具有良好承重力的材料，并且拥有极佳的可燃性。它的产地周围的人们把它做成劈柴和火把，因为它像蜡烛一样易燃，并能发出很强的光芒。这块木头拥有蜡烛的一般性质，它是我能给出的最好范例。燃料有了，让燃料产生化学反应的媒介也有了，再为化学反应提供持续而又稳定的空气，于是，从一小块木材当中就一下子发出光和热。实际上，它形成了一根天然的蜡烛。

但我们必须讨论市场上流通的蜡烛。请看，这是几根普通的日用蜡烛。我们把棉线挂在一个圆环上，浸入熔化的动物脂肪里，取出后冷却，再次浸入动物脂肪并冷却，重复这个过程，直到棉线上积累了足够的动物脂肪，这便是蜡烛的制作过程。为了使你们了解这些蜡烛的不同性质，请看我手中的这几根蜡烛——它们的体积很小，样式很奇特。它们是矿工在矿井里使用的蜡烛。在过去，矿工必须自己去弄蜡烛。他们发现比起大型的蜡烛，小蜡烛更不容易点燃矿井里的沼气。出于这个原因以及经济上的考虑，矿工制作的一磅蜡烛有 20 支、30 支、40 支和 60 支的规格。后来，这些小蜡烛在钢铁厂得到了改良，再后来又被戴维灯[①]和其他种类的安全灯所取代。这里还有一根是从“皇家乔治号”[②]里带出来的蜡烛。据帕斯利上校说，它在海底浸泡了很多年，承受着海水的腐蚀。它为我们展示了蜡烛良好的保存性，尽管这根蜡烛表面有着多处裂痕并且残破不堪，然而点燃后，它依然能够正常燃烧，烛油熔化后，便恢复了它的自然状态。

来自伦敦的菲尔德先生为我提供了大量关于蜡烛和相关材料的精美样品。现在它们可以派上用场了。首先，这是公牛的脂肪——我猜是俄罗斯牛脂，人们把动物脂肪制成了这种美妙的物质——硬脂。用硬脂制成的蜡烛不像普通的油蜡那样油腻，反而很干净，我可以从上面刮下一些粉末，蜡烛仍然不会弄脏什么东西。我来介绍一下硬脂制造时采用的工

---

① 戴维灯：1815年，英国科学家戴维发明的一种安全灯，这种灯在矿井里点燃时不会引起瓦斯爆炸。

② 1782年8月29日，“皇家乔治号”在斯皮特黑德海峡沉没。1839年8月，帕斯利上校用炸药进行沉船残骸的清除行动。因此，法拉第教授展示的蜡烛经历了超过57年的海水侵蚀。

序[①]：首先，将生石灰和动物脂肪一起煮沸，做成肥皂一样的糊状物；然后，用硫酸将其分解，硫酸会带走石灰，剩下的油脂被重组成硬脂酸，同时生成大量的甘油。甘油是一种与糖相似的物质，它是由动物脂肪经过这些化学反应而产生的。油脂被滤除后，我们便看到了这些压扁的块状物，它们显示了随着压力的增加，杂质如何随着油脂被过滤掉，最后剩下的物质熔化后，就可以被制成蜡烛。我手里拿着的是一根硬脂蜡烛，它就是按照我刚才讲述的方法由动物脂肪制作而成的。另外还有一些，这是一根鲸脑油蜡烛，它是由提纯的鲸脑油制成的。这些是黄蜂蜡和精炼蜂蜡，它们也能用来制作蜡烛。这是一种名叫“石蜡”的神奇物质，这些是用爱尔兰沼泽里的石蜡制成的蜡烛。此外，还有一样东西要给大家看看，这是我的一位好朋友从日本带的一种蜡状物，它是

---

① 动物脂肪里包含脂肪酸和甘油等化学成分。石灰能与软脂酸、油酸和硬脂酸结合，从而分离出甘油。经过水洗后，不能溶解的石灰皂再由稀释的热硫酸进行分解。溶解的脂肪酸倒入其他容器后，会像油似的浮在表面。经过再次水洗后，它们被倒进浅盘里，冷却后放在几层椰垫之间，并被置于强烈的水压之下。利用这种方式将较软的油酸挤出，留下的是较硬的软脂酸和硬脂酸。剩余物质在更高的温度下借助压力进一步提纯，并用稀释的温硫酸冲洗，这时它们便可以用来制作蜡烛了。这些酸类比处理前的脂类更硬也更白，同时它们更纯净并且更易燃烧。

制造蜡烛的新材料。

那么，这些蜡烛是如何制作的呢？我已经介绍过用烛芯浸入动物脂肪的方法，现在我要给大家讲解制模的方法。我们先假设这些蜡烛是用可以浇铸的材料制成的。也许你们会说：“浇铸！蜡烛是可以熔化的；如果它能熔化，当然也能浇铸。”事实并非如此。在生产的过程中，在思考如何获得所需结果的最佳方式时，事情的进展往往是难以提前预料的，这是一件很奇妙的事情。不是所有的蜡烛都能直接被浇铸。它们是由特殊方法制成的，我可以用一两分钟的时间来解释这一过程，但不能在这个问题上浪费太多时间。简单来讲，蜡制的蜡烛不能被浇铸，因为蜡十分易燃且极易熔化。我们再来看一种可以浇铸的材料。这里有一个框架，这个框架里固定了一些模子，我们首先要做的是把烛芯从其中穿过。这是一根不需要剪烛花的棉制烛芯[①]——它由一根细线支撑着。烛芯被拴在模子的底部——这根小钉子固定着烛芯并堵住了孔洞，阻止液体流出。模子的上部有一根横着的小木棍，它将烛芯绷紧并固定在模子上。然后人们把熔化的

① 为了让烛灰更易熔化，有时会加入一点硼砂或磷化物。

动物脂肪注入模子里。静置一段时间，等模子冷却后，沿着模子的一角倒出多余的烛油，将蜡烛表面清理干净并剪掉末端的烛芯。这时候，模子里剩下的只有蜡烛，只要像这样把模子颠倒过来，蜡烛便会滚落。这些蜡烛被做成锥形，上端比下端窄，这样的形状再加上蜡烛本身体积的收缩，只需轻轻摇晃，它们便会掉出来。硬脂和石蜡做的蜡烛也是用同样的方式制作而成的。蜡烛的制作过程很奇妙。大家看这里，框架上挂着许多棉线，棉线的末端套着金属箍，用来防止这些部位被蜡裹住。你们看，框架可以旋转，随着它的旋转，会有人拿着盛蜡的容器依次倒在烛芯上，先浇一条烛芯，再浇下一条，以此类推。浇完一轮后，等烛芯冷却到足够的程度，便从第一条烛芯开始进行第二轮浇蜡，重复这一过程，直到它们全都达到指定的厚度。浇蜡完成后，灯芯便被取下，放在其他地方。多亏了菲尔德先生的好意，我这里有几根这种蜡烛的样品。这是一根半成品。蜡烛被取下来后需要在一块光滑的石板上来回滚搓，用特定形状的管子塑造出圆锥形的顶部，再切去底部并进行修整。这一制作过程十分精细，甚至可以根据需要每一磅做出 4 支、6 支或任意数量的蜡烛。

但我们不能在制作过程上花费更多时间了，我们必须进一步深入探讨问题。我还没有讲到奢华的蜡烛（蜡烛确实可以是奢华的），请看它们的色彩是多么缤纷，淡紫色、洋红色和近期引进的所有人造色彩在蜡烛里都得到了应用。大家还可以观察到蜡烛的不同形状。这是一根带凹槽的柱形蜡烛，样式尤其精美。有人还送给我几根蜡烛，上面带有装饰性图案，这些蜡烛点燃后上方便呈现出发光的太阳，下方则是繁花锦簇的图案。然而，所有精美的器具在用途上都会大打折扣。这些带凹槽的蜡烛虽然美观，却不是好蜡烛，它们的缺陷在于外部形状。不过，我还是会向大家展示这些样品，你们可以看到它们的做工，以及每一面的图案。我说过，为了达到这样的精美程度，我们不得不牺牲一点实用性。

现在，我们来讲讲蜡烛的光。我会点燃一两根蜡烛，让它们发挥自身的作用。你们瞧，蜡烛和油灯是完全不一样的。使用油灯时，需要在灯里倒一点灯油，放上人工处理过的灯草或棉线，点燃灯芯即可。火焰顺着灯芯烧到灯油时便熄灭了，但上层的灯芯会继续燃烧。我相信大家一定想问，灯油不会自燃，那么它如何到达灯芯顶端并在灯芯上燃烧呢？现在我们本应研究这个问题，然而蜡烛的燃烧比它更有趣。蜡烛是一个没有容器的固体，那么这个固体是怎样到达火焰燃烧的地方的呢？既然它不是液体，这个固体是如何流动的？或者说，在它成为液体后，它是怎样保持完整的？这就是蜡烛的奇妙之处。

我们会场里的风很大，风对一部分实验是有帮助的，却会影响另一部分的效果。出于规范和简化的考虑，我会让点燃的火苗保持稳定——毕竟，谁能在有外部阻碍的情况下进行研究呢？这个灯罩是市场上的小商贩们一项有趣的发明，他们在星期六的晚上叫卖蔬菜、土豆和鱼时会用它来为蜡烛挡风。我经常为之赞叹。他们把玻璃灯罩套在蜡烛上，固定在支架上，灯罩可以根据需要上下滑动。我们采用这种方法使蜡烛保持稳定的火焰，我希望你们回家之后也可以用这种方法仔细观察和研究。

请看第一支已经燃烧了一会儿的蜡烛，它的顶端形成了一个杯形凹陷。当空气流经蜡烛时，会随着烛焰的热量产生的气流向上移动，于是空气便冷却了蜡烛的侧面，使蜡烛边缘的温度变得比内部的温度低；火焰顺着灯芯向下燃烧，熔化了蜡烛的内侧，而蜡烛的外侧并不会熔化。如果我朝一个方向制造气流，那么这个杯形凹陷便会向一侧倾斜，熔化的蜡烛会沿着倾斜处流下来——令熔化的蜡烛横向流动的正是将世间万物束缚在地面的重力，如果杯形凹陷不是水平的，液体当然会顺着凹槽流走。因此，我们知道来自各个方向的持续的上升气流令蜡烛的外表冷却下来，从而在蜡烛顶端形成杯形凹陷。无法形成杯形凹陷的材料不适合用来做蜡烛，爱尔兰沼泽木是例外，这种材料本身就像海绵，可以吸收自身的燃料。现在你们应该明白这些好看的蜡烛为什么并不实用了，它们的形状不规则并且相互交错，因此很难形成对蜡烛而言至关重要的杯形凹陷。我希望你们现在能认识到一件产品完美与否取决于它的实用价值——也就是说，蜡烛的用途，才是蜡烛的美妙之处。对我们而言最有益的不是最好看的东西，而是效果最好的东西。这支好看的蜡烛燃烧效果却不佳。不规则的气流会形成形状不规则的凹陷，烛油也会到处流淌。也许你们看过一些很好的例子（我相信你们将注意到这样的例子），在上升气流的作用下，一条烛油沿着蜡烛边缘开沟处向下流淌并让那里变得比其他部位更粗。随着蜡烛的燃烧，一根小蜡柱逐渐在那里形成并粘在蜡烛上。蜡烛越点越矮，小蜡柱则越来越高，越来越多的冷空气流向那里，温度逐渐降低，便能更好地抵御远处的热力作用。我们在制作蜡烛时犯下的错误常常为我们带来宝贵的经验，如果没有犯错，便不会有这些经验，许多事情都是如此。我希望大家永远记住这条哲理，每当得到一项结果时，尤其是新的结果，应当自问："它的原因是什么？为什么发生这样的现象？"经过一段时间的研究后你们终将找出原因。

此外，熔化的蜡烛是如何离开杯形凹陷并沿着烛芯向上到达燃烧处的呢？我们知道由蜂蜡、硬脂和鲸脑油制作的蜡烛点燃后，火焰不会沿着烛芯向下烧到蜡烛上并把蜡烛全部熔化，只会保持在恰当的地方。火焰被隔离在下方熔化的蜡烛之外，也不会从侧面侵占杯形凹陷。蜡烛的各个部位在燃烧过程中一直在相互促进，保持和谐状态，直到燃烧结束，我想不到比这更好的合作的例子。像蜡烛这样的可燃物在燃烧过程中却不会被火焰吞噬，那是十分美妙的场面，尤其是在你逐渐了解火焰的强大之后——当它接触到蜡本身后，会以怎样强大的力量将其毁灭，要知道，一块蜡仅仅靠近火焰便会立刻改变形态。

那么，火焰是如何让燃料燃烧起来的呢？这是通过毛细引力[1]实现的。你们会说："毛细引力！——是毛发的引力吗？"不要介意，这个名字是很久以前的人起的，那时人们还没有真正理解这种效应。燃料通过毛细引力到达燃烧进行的地方并堆积在那里，这个过程并不是随意发生的，燃料被运往燃烧反应的正中央，火焰包围着燃料。现在，让我们来看一两个毛细引力的具体例子。这种引力使得无法相互溶解的两种物质能够结合在一起。比如，我们在洗手时，首先要把手彻底浸湿，打上香皂之后，你会发现手仍然是湿的。在这一过程中起作用的引力便是毛细引力。假如，在手不脏的情况下（在日常生活中我们的手几乎总是脏的），如果把手指浸入温水里，水一定会沿着手指向上攀升一小段距离，尽管我们可能察觉不到。

这里有一盘带有渗透性的物质——一根盐柱（见图一），我会向盘子里倒入一种液体，不是水，而是饱和的盐溶液，也就是说，这种溶液不能溶解更多的盐了，因此你们看到的反应不会是溶解反应。我们可以把这个盘子当作蜡烛，盐柱

---

① 毛细引力与斥力是决定液体在毛细管内上升或下降的原因。如果把一根两端开口的温度计管放入水中，水会立刻在温度计管内上升至高于管外水面处。另外，如果把温度计管放入水银里，那么起作用的将是斥力而不是引力，管内的水银面将低于管外。

图一

就是烛芯，盐溶液就是熔化的烛油（为了让大家看得更清楚，我给溶液染了蓝色）。现在我往盘子里倒入溶液，大家可以看到溶液正沿着盐柱逐渐上升，如果盐柱屹立不倒，溶液可以一直到达顶点。如果这种蓝色溶液是可燃物，我们在盐柱顶端放一根烛芯，那么当溶液到达烛芯时便会燃烧。看到这种反应的过程，观察与之相关的前因后果，的确是件奇妙有趣的事。我们在洗完手后，会用一块毛巾把手擦干，让毛巾沾水变湿的原因与令烛芯沾上油脂的原因相同，都是毛细引力造成的。我知道有些粗心的小男孩和小女孩（其实粗心的大人也会这样）洗手后用毛巾把手擦干，然后就把毛巾随便扔在水盆边缘，不久，毛巾就会把盆里的水全都吸上来，甚至滴在地板上，因为被扔在水盆边缘的毛巾起到了虹吸管[1]的作用。为了让大家更好地观察物质之间相互作用的方式，我准备了一个由金属网制成的盛水的容器，它的作用类似于棉花或细布。实际上，有些烛芯就是用一种金属丝制成的。你们将观察到这个容器的渗透性。如果我往容器上方倒一点水，水会渗入底部。如果我问你们这个容器的状态是什么，容器里有什么以及为什么它会在容器里，你们一定会大惑不解吧？其实这个容器的确盛满了水，但我们可以看到水流进又流出，容器里仿佛是空的。为了证明这一点，我只需要把容器倒空。原因就是——金属丝一旦被浸湿就会一直保持潮湿状态，而金属丝编织的网眼又实在太小了，水从一侧流向另一侧时被紧紧吸住，于是尽管容器是可渗透的，水仍然留在容器里。熔化的动物脂肪里的分子便是以类似的方式在分子间引力的作用下沿着棉线攀升到烛芯顶端，烛油与火焰接触后便开始燃烧。

我们再来看看毛细引力的另一个例子。我曾在街上看到一些男孩子，他们很想变成大人，于是拿了一截芦苇，把它

① 我们认为，已故的苏赛克斯公爵是发现可以借助虹吸原理清洗虾子的第一人。取下虾尾后，把虾的尾部浸入一杯水中，让虾的头部悬在水外，水会在毛细引力的作用下从尾部进入虾身里，再从头部流出，直到杯中的大部分水被吸光，虾尾不再浸在水里为止。

点燃并叼在嘴里吸着，模仿大人抽雪茄的样子。他们之所以能这样做，是因为芦苇在一个方向具有渗透性并且形成了毛细现象。如果我把这根芦苇放入盛有精制松脂（它的性质很像石蜡）的盘子里，那么松脂会顺着芦苇向上攀升，就像蓝色液体升上盐柱那样。芦苇上没有气孔，液体便不能从气孔流出，只能一直向上攀升。液体已经升至芦苇顶端——现在如果我点燃芦苇，它就可以发挥一根蜡烛的作用。松脂在芦苇形成的毛细引力的作用下上升，正如蜡烛的烛油沿着烛芯上升那样。

蜡烛之所以不会把整条烛芯点燃，唯一的原因就是熔化的烛油熄灭了火焰。如果把一根蜡烛上下颠倒过来，让熔化的烛油沿着烛芯向下流，那么蜡烛便会熄灭。原因便是，倒置的火焰没有足够的时间把蜡烛加热到燃点，这与正放时的蜡烛不同，少量的烛油沿着烛芯上升，受到高温的影响而产生各种化学反应。

关于蜡烛，还有一件事是你们必须了解的，否则你们将无法彻底理解蜡烛的原理，那便是烛油的气化状态。为了使大家理解这一点，我来给大家演示一个简单却又精彩的实验。如果用巧妙的方式吹灭蜡烛，我们便会看到一缕轻烟从蜡烛上升起。我知道你们经常闻到被吹灭的蜡烛散发出的烟味——那真是一股难闻的气味。可是，如果小心地将蜡烛吹灭，你们便能清楚地看到固态的蜡烛转化而成的烟。现在，我要在不扰乱蜡烛周围的空气的前提下，呼出稳定的气流将蜡烛吹灭。这时，如果我把一根点燃的木条放在距离烛芯两三英寸的地方，你们将看到一条火舌从木条与烛芯之中穿过并重新点燃蜡烛（见图二）。这个过程必须完成得干净利落，如果时间太长，烟便会冷却并浓缩成液态或固态形式；如果动作太大，可燃气体会被扰乱。

图二

现在，我们来谈谈火焰的形状与构成。这对我们了解蜡烛最终在烛芯顶端存在的形态十分重要——烛芯顶端的美丽与明亮只有火焰燃烧才能带来。我们见识过黄金白银的光芒，也见识过红宝石和钻石等更加绚丽夺目的珠宝，然而它们的光彩在烛光面前都会黯然失色。有什么钻石能像火焰那样熠熠生辉呢？在夜晚，只有借助火焰的明亮才能看清宝石的光芒。火焰可以在黑暗中发光，钻石却不能，它只能等待火光照在自己身上时才能恢复耀眼夺目。蜡烛却能自己闪耀，它为了自己而发光，也为制作出蜡烛的人们而发光。现在，让我们透过玻璃罩来观察一下火焰的形态。火势保持着稳定，火焰的形状就像这样（见图三），由于受环境中的干扰而呈现出不同的形状，也受到蜡烛大小的影响而发生改变。火焰呈明亮的椭圆形，火焰顶端比底部更明亮，烛芯位于火焰中央，从烛芯周围到底部的火光比较暗，这里的燃烧程度不像上方那么充分。科学家胡克在许多年前进行研究时画过一张火焰燃烧图（见图四）。虽然他画的是油灯的火焰，但它同样适用于说明蜡烛的火焰。蜡烛的杯形凹陷就是油灯的底座，熔化的鲸油便相当于灯油，蜡烛的烛芯与油灯的灯芯类似。他在这幅图里画出了火焰，也画出了真实的情况——火焰的周围弥漫着一种我们看不见的物质，如果我们

图三

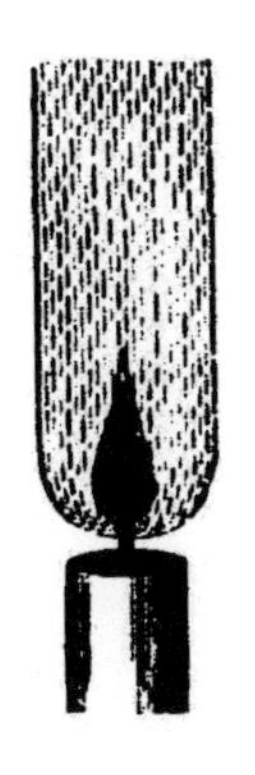

图四

之前没有见过这幅图并且不熟悉这个问题，我们是不会知晓这种物质的存在的。他在这里画出的东西对火焰来说至关重要，这种物质一直伴随在火焰周围。那里形成了一股气流，令火焰受到向外的吸引力——你们所看到的火焰实际上便是受到气流的吸引而产生的，并在气流的影响下达到了一定的高度——胡克在图里画出了气流的延伸。你们可以点燃一支蜡烛，把它置于阳光下，让它的影子投射在一张纸上，然后便能在纸上看到这种现象。一个能够照出其他物体的影子的东西可以在一张白纸或卡片上留下自己的影子，这是很奇妙的事情，我们可以看到在火焰的周围有着不属于火焰本身的气流，这股气流在上升的过程中也在把火焰引向上方。现在，我用电池灯来模拟阳光，然后在灯和屏幕之间放上一根蜡烛，屏幕上便映照出火焰的影子。我们观察到蜡烛和烛芯的影子，这里有一部分比较暗，跟图上画的一样，还有一部分影子更加清楚。然而奇妙的是，我们在影子里看到的最暗的部分，实际上是火焰最明亮的部分，大家可以观察到和胡克的图中同样的现象，热气流正在上升，把火焰向上吸引，给火苗的燃烧提供空气，并让杯形凹陷四周的烛油冷却。

为了让大家看清火焰是如何跟随气流上升或下降的，我还准备了一个实验。这是一团火焰，它并不是烛火，但现在我相信大家一定已经掌握了足够的归纳能力，可以举一反三。接下来我要做的是把将火焰向上吸引的气流改为向下的气流，利用我面前的这个装置便能轻松实现这一目的。虽然这团火焰不是烛火，但它是由酒精燃烧而成的，因此不会产生大量的烟雾。我还会用一种物质[①]给火焰染色，这样一来我们便能追踪火焰的轨迹，否则我们将很难看清楚它的方

---

① 溶有氯化铜的酒精，燃烧时火焰呈绿色。

⋮

向。点燃酒精，我们便得到了火焰。请看，火焰在空气中会自然地上升（见图五）。现在我们轻松地理解了为什么火焰在通常情况下总是向上走——这是由燃烧形成的气流决定的。现在，我要向下吹气，你们可以看到火焰向下进入了管道里——气流的方向改变了。在这一系列讲座结束之前，我会给大家展示一盏奇特的灯，当它的火焰向上走时，烟雾却是向下走的，而火焰向下走时，烟雾又会向上升。那时你们将看到我们可以用这种方式来改变火焰的方向。

图五

还有一些要点是大家必须掌握的。我们在这里看到的许多种火焰受到周围来自各个方向的气流的影响而呈现出不同的形状。其实，如果我们想要弄清楚火焰的所有特性，我们可以让火焰保持固定的形态，并给它们拍照——实际上我们必须把它们照下来，这样一来火焰便成了固定的样子，这只是我想说的第一点。此外，如果我点燃一大团火焰，它并不会永远保持统一的形状，火焰会迸发出强大的生命力，分化出一团团的小火焰。我将使用另一种燃料，它可以真正代表由蜡或动物脂肪制成的蜡烛。我用一大团棉球来代替烛芯，把在酒精里浸泡过的棉球点燃，那么它和一根普通的蜡烛有什么不同之处呢？它们在某方面大不一样，点燃的棉球拥有旺盛的活力，它的美妙与生命力和烛光完全不同。美丽的火舌正在上升。除了向上蹿升的大团火焰之外，我们还看到了火焰分解为一些小的火舌，这是蜡烛所没有的奇妙现象。那么，出现这种现象的原因是什么呢？我必须为大家做出解释，对这一问题的彻底理解将有助于大家更好地学习之后的讲座。我想在座的一些同学想必做过我即将展示的这个实验。许多人都玩过“恶龙抢食”[①]的游戏吧？没有什么能比这

① 恶龙抢食（Snapdragon）：一种从燃有白兰地的盘子中捞取葡萄干吃的游戏。

个游戏更形象地展现出火焰的原理和火焰的一部分历史。首先，这是一个盘子，在玩“恶龙抢食”的时候，我们需要把盘子加热，葡萄干和白兰地也要热了才行，可惜我并没有准备白兰地。把酒精倒入盘子之后，我们便得到了类似蜡烛的杯形凹陷和燃料，而葡萄干的作用就像烛芯。现在，把葡萄干放进盘子里，点燃酒精，你们便会看到我提到过的美丽的火舌。从盘子边缘钻进来的空气形成了这些火舌，这是为什么呢？因为在气流的作用下，火焰发生不规则的运动，而无法以整体的形式流动。空气的流动十分不规则，本应成为一个整体的火焰却分散为各种形式，每一条小火舌都是一个独立的存在。我必须指出，通过这种方式我们得到了许多独立的蜡烛。虽然大家同时看到了这些火舌，但你们绝不能把这种特殊现象当成火焰的形状，火焰在任何时候都不是这样的形状。我们刚才看到的棉球冒出的一团火焰也不是它呈现出来的形状。火焰包含了各种不同的形状，它们彼此交替的速度太快了，我们的眼睛根本无法将它们区别开来，只能进行整体感知。过去，我曾有目的地分析过火焰的一般属性，并用图片给大家展示火焰的不同组成部分（见图六）。这些组成部分不是同时产生的，只是由于它们的交替速度太快，我们才以为它们是同时存在的。

图六

很遗憾今天我们只能讲到“恶龙抢食”的游戏为止，不能进一步深入讲解，但无论如何我不能继续占用大家的时间了。以后我会注意把话题严格控制在蜡烛的原理上，尽量不在实验上花费过多的时间。

第二讲

蜡烛：火焰的亮度

燃烧所需的空气

水的产生

⋮

上回我们研究了蜡烛的一般性质，以及那些熔化了的液体成分是如何进入燃烧发生处的。当一根蜡烛在稳定的常规环境下正常燃烧时，尽管它的性质很活泼，但它的形状是比较统一的。现在，我必须请大家注意我们在研究火焰的各个组成部分时所采取的研究方式，从而探索燃烧发生的原因、火焰在燃烧过程中的变化以及燃烧后的蜡烛去了哪里。因为，你们都知道一根蜡烛燃尽之后便消失了，如果蜡烛燃烧充分，烛台上甚至不会留下丝毫的余烬——这是一种很奇特的现象。为了仔细研究这根蜡烛，我准备了一套设备，你们将在我的演示中看到它的用途。这是一根蜡烛，我要把玻璃管的末端放在火焰的中央，也就是胡克在图片里描绘的暗处，如果护住烛火并仔细观察它，你们随时都能看到这个区域。我们首先来研究这一部分暗处。

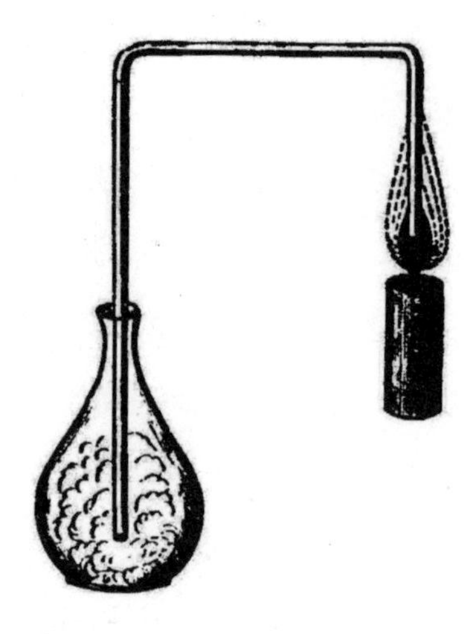

图七

现在，我来把这根弯曲的玻璃管的一头伸进火焰的暗处（见图七），你们能立刻看到有什么东西从火焰里冒出来，并从玻璃管的另一头流出来。如果我在这里放一个烧瓶，过一会儿，你们可以看到有什么东西从火焰的中部被吸出，经过玻璃管流入烧瓶里，这与火焰在空气中的反应很不一样。这种物质不仅沿着玻璃管的末端流动，还像有重量的物体那样落入了烧瓶里。我们发现那是变成了汽化液状态的蜡——而不是一种气体（大家必须注意气体和汽化液的区别：气体通常会一直保持气态，而汽化液可以凝结成液体）。如果你将一根蜡烛吹灭，你会闻到一股难闻的气味，那便是这种汽化液冷凝后散发出的味道。这个过程与火焰之外的反应大不相同，为了使大家看得更清楚，我将制造出大量的这种汽化液并将其点燃——因为蜡烛的体量很小，为了理解其中的反应，我们在实验中必须把体量放大，如果需要的话，我们可以研究不同的组成部分。现在，助理安德森先生会为我提供热源，我将给大家展示那种汽化液究竟是什么。这个玻璃烧瓶里盛有一些蜡，我会把它加热到蜡烛火焰内部的温度，正如烛芯周围的物质也是热的。我相信它的温度已经足够高了。你们看，我放进烧瓶里的蜡变成了液态，并且它在冒烟。汽化液很快便会升起来。我要继续加热烧瓶，这样便能产生更多的汽化液，我可以把汽化液从烧瓶中倒入这个盆里，并将汽化液点燃。这便是蜡烛中产生的那种气体。为了弄清楚这一点，我们来实验一下这个烧瓶里的气体是不是蜡烛中产生的可燃气体。（讲师点燃了烧瓶里的气体）看，它燃烧得多旺啊！这就是蜡烛在燃烧过程中受到自身热量的影响而产生的气体，也是我们研究蜡在燃烧过程中的变化时，首先需要了解的东西。我准备把另一根玻璃管小心地放入火焰中，通过仔细操作，我们可以让蒸汽通过玻璃管到达另一端，点燃玻璃管的另一端便能在那个位置产生与蜡烛的火焰相同的火苗。现在请看（见图八），这是不是很精彩呢？我们知道瓦斯可以用管道来运输，原来蜡烛也可以！我们从这个实验当中可以清楚地看到两种不同的反应——一种是气体的产生，另一种是气体的燃烧——这两种反应都发生在蜡烛不同的特定部位。

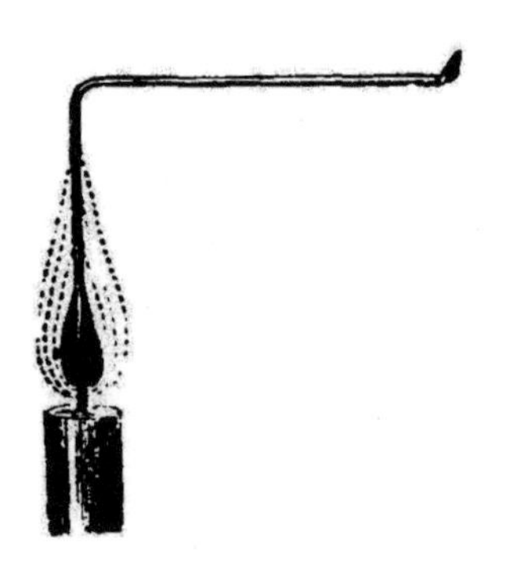

图八

蜡烛已经燃烧过的部位无法产生这种气体。如果我把玻璃管抬高至火焰的上部，等那里的可燃气体消耗殆尽后，剩下的气体不会继续燃烧：它已经被烧过了。这是为什么呢？

其中的缘由便是：可燃气体产生于火焰中央的烛芯处；火焰的外围是空气，它对蜡烛的燃烧是必需的；在这两种气体之间，空气与燃料相互作用，发生着强烈的化学反应，在我们点火的同时，火焰内部的气体便被烧尽了。如果我们检查蜡烛的热源部位，就会发现这个部位的构造十分精妙。现在取一根点燃的蜡烛，把一张纸放在火焰上方，火焰的热量在哪里呢？你们可以看到，火焰的热量不在中央。热量以圆环的形式存在于化学反应发生的位置，即使是在这种不够严谨的实验条件下，只要没有过多的干扰因素，热量总是环形的。你们在家中也可以自己动手进行这场实验。取一张纸，让房间内的气流保持平稳状态，把纸从火焰中央穿过（做这个实验时我不能分心说话），你们能看到，纸上有两处灼烧的痕迹，但纸的中央却没有被烧到，只有一点焦痕。进行了一两次这样的实验后，你们一定会很好奇热量究竟聚集在哪里，我们最终将发现热量就在空气与燃料相互接触的位置。

这个问题对接下来的研究至关重要。空气是燃烧所必需的。不仅如此，还要注意燃烧反应需要的是新鲜的空气，否则我们的推理和实验将受到影响。这是一罐空气，我们把它罩在蜡烛上方，一开始，蜡烛在空气罐里燃烧得很旺，这证实了我先前说过的话，但实验很快将产生变化。你们看，火焰正在上升，火势逐渐减弱，最终熄灭。为什么烛火熄灭了呢？这不是因为缺少空气，罐子里和之前一样充满了空气，但燃烧需要的是纯净、新鲜的空气。罐子里的空气一部分发生了变化，一部分保持不变，但罐子里没有蜡烛燃烧所需的足够的新鲜空气。作为年轻的化学家，我们必须总结所有的要点。如果进一步研究燃烧反应，我们将发现一些推理的过程充满了趣味。例如，这是大家之前看到的那盏油灯——它很适合进行我们的实验，一盏阿尔冈灯[1]。现在我会把它当作一根蜡烛，这是棉线，这是沿着棉线上升的油，这里是圆锥形的火焰。由于空气的流通受到阻碍，燃烧很不充分。我没有让任何空气进入灯内，仅凭火焰周围的空气，火势变得很微弱。由于灯芯很粗，我没办法让火焰周围的空气进入中央，但是阿尔冈在灯上做出了巧妙的设计，我可以像他那样打开一条通往火焰中部的通道，让空气顺着这条通道进入火焰中央，大家将看到火势变旺了。如果切断空气的供给，灯

---

① 阿尔冈灯（Argand lamp）：1784年由瑞士人A.阿尔冈设计的油灯。

便会冒烟，这是为什么呢？我们发现了一些十分有趣的研究问题。我们已经研究过了蜡烛的燃烧问题；我们还看到了由于缺少空气而熄灭的蜡烛问题；现在我们看到的是燃烧不完全的问题，这种问题对我们来说很重要，我希望大家能像研究燃烧充分的蜡烛时那样，对这一问题也能获得充分的认识。

我将点燃一团较大的火焰，因为我们需要最显眼的例子。取一根更大的烛芯（浸泡过松脂的棉球）点燃，毕竟，这些东西和蜡烛的作用都是一样的。如果烛芯变大，我们就需要更多的空气，否则燃烧将变得不充分。现在请看升入空中的这种黑色物质，它形成了一股稳定的气流。为了避免使大家分心，我已经想办法去除了燃烧不充分的部分。请看从火焰中冒出的烟灰——由于得不到充足的空气，它燃烧得很不充分。这意味着，在这一过程中缺少了燃烧所必需的东西，因此产生了不完美的结果，而我们刚已经看到了蜡烛在纯净、充足的空气里燃烧的现象。当我给大家展示蜡烛在纸上留下的一圈焦黑的痕迹时，只要把纸转到另一面，我们就能看到蜡烛在燃烧时也会产生同样的烟灰——那便是碳的痕迹。

⋮

不过，在展示之前，我必须先向大家说明一些情况——这对我们的研究是必不可少的——尽管当我用蜡烛做展示时，把火焰作为燃烧的通常形式，我们必须弄清楚蜡烛的燃烧是否总是以火焰的形式存在的，或者说，蜡烛的火焰是否有其他的形式。很快我们就会发现确实存在其他的形式，那些其他的形式对我们的研究至关重要。

我认为，对我们青少年而言，最好的实验应该能展现出强烈的对比效果。我准备了一些火药。大家知道火药被点燃后便会燃烧——我们可以说火药伴随火焰燃烧。火药中含有碳和其他物质，这些物质使它在燃烧时产生火焰。这是一些铁粉，也可以称之为铁屑。现在，我要把火药和铁屑混合在一个小研钵里，然后点燃这些混合物（在开始实验之前，我希望在座的各位不要出于好玩的目的而重复这些实验，以免造成危害。只有小心操作，实验才会顺利进行，否则将会酿成灾祸）。取一些火药，放进小研钵里，将铁屑与之混合，我的目的是用火药点燃铁屑，让它们在空气中燃烧，从而展示出燃烧时产生火焰的物质与不产生火焰的物质的不同之处。当我点燃这些混合物时，请仔细观察燃烧反应，你们将看到两种不同的反应。火药燃烧时产生火焰，铁屑却被抛起来。铁屑也在燃烧，但没有产生火焰。它们将以各自的方式进行燃烧。大家看，产生火焰的是火药，另外的那些是铁屑——它们正以一种不同的方式燃烧着。大家可以看到明显的不同，我们利用火焰来获取光芒，而火焰的所有用途与美感都是建立在这些不同之上的。当我们点燃油灯、瓦斯灯或蜡烛来照明时，它们的效果全都取决于这些不同的燃烧反应。

有时候，火焰的状态很奇妙，我们需要通过智慧与辨别力来区分不同的燃烧状态。例如，这是一种极易燃烧的粉末，大家可以看到它是由独立的小颗粒组成的。它叫作石松粉[①]，其中的每一颗颗粒都能产生气体并形成火焰，然而如果你们看到点燃的石松粉，会以为自己只看到了一种火焰，现在我把这些石松粉点燃，你们即将看到燃烧的效果。我们看见一团火焰，显然火焰是一体的，然而这股燃烧中发出的急促的响声表明燃烧并不是连续的或有规则的。童话剧中的闪电便是用这种方式制造的，效果很好。这种燃烧与铁屑的燃烧不同，现在我们还是回到铁屑的燃烧反应上来。

---

① 石松粉是从石松里发现的一种黄色粉末，它被应用于烟火的制作中。

假如我取一根蜡烛，并检查在我看来最明亮的部位，那么我将在那些最明亮的地方找到这种黑色颗粒，它们是从火焰中产生的，你们已经观察到许多次这种黑色颗粒了，这回我要用另一种方式使它产生。取一根蜡烛，把蜡烛表面因空气流动而产生的沟壑清理干净。如果现在我像做第一个实验那样把一根玻璃管插进这块发光的区域，玻璃管的位置放在略高的地方，你们便会看到之前冒出白色烟雾的部位如今正在冒出黑色烟雾。你们看，这种烟雾像墨水一样黑，显然它与白烟是大不相同的。如果我们尝试将它点燃，便会发现它不会燃烧，这种烟雾反而使火焰熄灭。正如我所说的，这种粒子只是蜡烛产生的烟。这令我想起一个古老的故事，斯威夫特院长曾经给服务生们推荐了一种游戏——用蜡烛在天花板上写字。那么这种黑色的物质究竟是什么呢？其实，它和存在于蜡烛里的碳是同一种物质。它又是如何从蜡烛里跑出来的呢？显然，它曾经存在于蜡烛中，否则我们不会看到它。现在请大家仔细听我解释。你们也许很难想到，弥漫在伦敦上空的黑色烟灰中蕴藏着火焰的美丽与活力，这种物质在燃烧时产生的现象与铁屑燃烧时是一样的。请看，这是火焰无法穿过的铁丝网，当我把它逐渐降低到与火焰接触的地方时，你们将看到原本明亮的火焰几乎立刻熄灭了，并冒出一缕烟雾。

请大家跟上我的思路——只要一种物质像铁屑在火药产生的火焰中那样燃烧而不变成蒸气状态（保持液体或固体的形式），那么它会发出很强的光。为了给大家演示这一点，我准备了蜡烛之外的三四种实验品。我所说的原理适用于一切物质，无论它们是否可以燃烧——只要它们保持固态，它们便会极其明亮，这种明亮正是来自蜡烛火焰里的这些固态颗粒。

这是一根铂丝，它在受热时不会改变状态。如果我用火焰将它加热，请看它发出的光芒是多么耀眼。为了减弱光线，我要把火焰调弱，大家可以看到，尽管火焰能给铂丝提供的热量远小于自身的热量，但是仍然能使铂丝变得更加明亮。这团火焰中含有碳元素，我将使用不含碳元素的火焰。这个容器里有一种材料，它是一种燃料——以气体的形式存在，其中不含有固体颗粒，之所以选择它，是因为它可以展示出火焰在没有固体存在的情况下燃烧时的状态。如果现在我把这块固体铂丝放进容器里，大家可以看到它散发出大量的热，并让固体发出强烈的光。

现在，我用这根管子输送这种名为氢气的气体，另外这儿还有一种名为氧的物质，氢气可以在氧气里燃烧。尽管将氢气与氧气混合，产生的热量[①]比蜡烛的热量大得多，但发出的光却很微弱。然而，如果我把一块固体放入氢气和氧气的混合物中，便会产生强烈的光。比如，石灰不能燃烧也不能受热蒸发为气体（由于石灰无法汽化，只能保持固体形态并一直被加热），如果取一块石灰，你们将很快看到它发出的光芒产生了怎样的变化。我准备了一个由氢气和氧气燃烧而产生的强热源，但现在它只能发出微弱的光——这不是因为缺少热量，而是因为缺少能够保持固态的物质。当我把这块石灰放在氢气燃烧所产生的火焰上时，请看它发出的光芒是多么耀眼！这便是一盏光彩夺目的聚光灯，它能媲美电灯的风采，并且几乎与阳光同样明亮。

这里还有一块木炭，它在燃烧时可以提供像蜡烛燃烧时那样的光芒。蜡烛的火焰发出的热量使汽化液状态的蜡分解，碳元素得到了解放——碳的微粒受热后上升，发出像这

① 德国化学家本生计算过装有氢氧混合气体的玻璃管的温度为8061摄氏度，在空气中燃烧的氢气的温度是3259摄氏度，在空气中燃烧的煤气的温度为2350摄氏度。

样的光芒，随即进入空气之中。然而这些颗粒在燃烧时从不以碳的形式从蜡烛中分离出去，而是作为一种看不见的物质进入空气里，之后我们还会讨论这种物质。

这样的反应能够在燃烧过程中发生，本身便是一件奇妙的事情。像木炭一样不起眼的东西可以发出如此耀眼的光芒，不也是一桩美事吗？总而言之——一切明亮的火焰中都含有这种固体颗粒；一切可以燃烧并产生固体颗粒的物质，无论它们像蜡烛那样在燃烧过程中产生固体颗粒，还是像火药与铁屑的混合物那样在燃烧结束后产生固体颗粒——一切具有这种性质的物质都能发出灿烂、美丽的光芒。

让我来给大家举几个例子吧。这是一块磷，它在燃烧时会产生明亮的火焰。那么，现在我们可以确认：磷可以在燃烧过程中或燃烧后生成固体颗粒。我们将这块磷点燃，并用玻璃罩住它（见图九），从而把生成的物质留在玻璃罩里。那些烟是什么呢？那些烟里包含的正是磷块燃烧时所产生的颗粒。这里还有两种物质，一种是氯酸钾，另一种是硫化锑。我们从中各取一点并将其混合，那么，它们的混合物能以几种方式燃烧？为了给大家展示燃烧的化学反应，我要向混合物里滴入一滴硫酸，它们会立即燃烧起来[①]。大家可以通过观察自行判断这种混合物在燃烧时是否产生了固体物质。我已经为大家介绍了推理思路，你们可以由此进行判断。除了固体颗粒的流失，这种明亮火焰的产生还意味着什么呢？

图九

助理安德森先生已经在火炉上把坩埚加热到很高的温度——我要在坩埚里放入一些锌粉，锌粉在燃烧时发出的火焰类似于火药的火焰。现在，请仔细观察锌粉燃烧的结果。

---

① 接下来发生的反应是用硫酸点燃氯酸钾和硫化锑的混合物。一部分混合物被硫酸分解为一氧化氯、硫酸氢钾和高氯酸钾。硫化锑是可燃物，在一氧化氯的助燃下，整个混合物立即燃起火焰。

⋮

燃烧正在进行——像蜡烛的燃烧那样美丽。那些烟究竟是什么呢？那些羊毛般的云团又是什么呢？即使你站着不动，它们也会主动飘过来，它们在过去被叫作“哲学家的羊毛”[①]。这口坩埚里也剩下了一些羊毛似的物质。如果用同样的锌再次进行实验，我们还是会观察到同样的现象。我们取一块锌，这是氢气燃烧发出的火焰，相当于火炉，让我们开始灼烧这块锌片。你们看，它在发光，燃烧反应正在进行，这是锌片燃烧所产生的白色物质。因此，如果我用氢气产生的火焰来代表蜡烛，并让类似锌片的物质在火焰上燃烧，大家将看到这种物质只有在燃烧过程中才会发光——在它仍然滚烫的时候；如果把锌片燃烧所产生的白色物质放入氢气制造的火焰里，它便会发出美丽的光芒，这正是因为它是一种固体。

现在我们来点燃和之前一样的火焰，并从中分离出碳质颗粒。我准备了一些精制松脂，它们在燃烧时会产生烟雾；如果用这根管子把松脂产生的烟雾输送到氢气所产生的火焰里，你们将看到在第二次加热时，烟雾可以燃烧和发光。请

---

① 哲学家的羊毛：氧化锌。

看，这便是第二次被点燃的碳质颗粒。只要在后面放一张白纸便能轻松地看到它们，这些碳质颗粒被火焰产生的热量点燃，点燃后便发出了这样的光。在碳质颗粒被分离出来之前，我们是看不到光的。煤气火焰的光芒是由碳质颗粒在燃烧过程中的这种分离产生的，这与蜡烛燃烧时的现象相同。我可以很快改变这一反应。比如，先将瓦斯点燃。假如我向火焰中补充大量的空气，让碳质颗粒在分离之前燃烧殆尽，那么就不会产生这样的光芒。我可以这样做：如果用铁丝网罩住瓦斯出口，然后点燃铁丝网上方的瓦斯，那么由于瓦斯在燃烧前混入了大量的空气，瓦斯的火焰只能发出暗淡的光；如果把铁丝网抬高，你们可以看到铁丝网下方的瓦斯并没有燃烧[①]。瓦斯里含有大量的碳元素，然而，由于瓦斯可以接触到空气，并在燃烧前与空气混合在一起，于是我们看到的火焰只能发出暗淡的蓝光。当我朝着火焰吹气时，火焰并

---

① 实验室里有一种重要的仪器——"空气燃烧器"，便是利用这种原则设计的：它含有一根圆柱形的金属烟筒，顶端覆盖着一块粗糙的铁丝网。烟筒被放在一盏阿尔冈灯上，瓦斯在烟筒中与充足的空气混合，其中的碳和氢可以同时被燃烧，因此在火焰和随后产生的烟灰中将不会有分离的碳颗粒。这种火焰无法穿透铁丝网，只能在铁丝网的上方以一种难以察觉的方式稳定地燃烧。

没有发出明亮的光芒，唯一的原因就是瓦斯中的碳元素在从火焰中分离成自由状态之前便接触到了足量的空气并发生了燃烧反应。这两种情况唯一的区别就是固体颗粒在瓦斯燃烧之前是否被分离出去。

大家观察到蜡烛在燃烧时生成了一些产物，这些产物中的一部分可以被视为木炭或烟灰，这些木炭在随后的燃烧中又生成了新的产物。现在我们关注的问题便是确认那些新的产物究竟是什么。之前的实验中显示有一些物质流失了，现在我想让大家了解有多少物质进入了空气中，为此我们要进行规模更大的燃烧实验。热气流从点燃的蜡烛里升入空中，在接下来的两三个实验里你们将观察到上升的热气流。为了让大家理解以这种方式上升的物质的量，我会在实验中禁锢住燃烧反应的一部分产物。我为这个实验准备了一个孩子们所说的热气球（见图十），这个热气球只是用来衡量燃烧反应的结果的，我将用简单的方式点燃一团火焰，这样能最好地满足实验目的。我们把这个盘子看作蜡烛的杯形凹陷，这些酒精便是我们的燃料。我要把烟筒放在盘子上，这样一来我们可以对实验过程有所控制，不至于产生随意的结果。助理安德森先生会将燃料点燃，

图十

我们将在顶端的热气球里得到实验结果。一般来说，我们在管道顶端得到的产物与蜡烛燃烧后的产物相同，但我们不会看到明亮的火焰，因为我们使用的燃料中的碳元素含量很低。我不会让热气球升空——这不是实验的目的，我要给大家展示的是蜡烛燃烧生成的产物从火炉里顺着管道上升后所引发的效果。大家可以看到热气球有上升的趋势，但我们不能让它升空，因为它可能会碰到上方的煤气灯，那是会给我们制造麻烦的。这种现象不正说明了有大量的气体

⋮

产生吗？蜡烛的所有产物都在沿着这根管道上升，大家现在可以看到玻璃管逐渐变得不透明了。如果我再取一根蜡烛，将它放在玻璃瓶里，然后在另一侧放置一个光源，以便让大家看清实验现象，你们可以看到玻璃瓶蒙上了一层雾，光线也开始变弱了。让光线变得暗淡的正是蜡烛燃烧的产物，让玻璃瓶变得模糊的也是同样的物质。大家回到家中之后可以拿一个表面冰冷的勺子放在蜡烛上——注意不要让勺子冒烟，你们会看到勺子变得模糊了，就像玻璃瓶一样。如果你们能找到银盘子或类似的餐具，实验效果会变得更好。为了让大家提前思考下一场讲座的内容，我先告诉大家导致玻璃瓶变模糊的物质是水，在下一场讲座中，我将给大家展示如何通过简单的燃烧反应来生成液体。

第三讲

产物：燃烧生成的水

水的
属性

化合物

氢

⋮

大家应该还记得上一回讲座结束前我们提到了蜡烛的“产物”。蜡烛在燃烧时，我们可以通过适当的调整来获得不同的产物。当蜡烛正常燃烧时，有一种物质是无法产生的，那就是碳，或者说烟；还有一些物质从火焰中升入空中，它们不是以烟雾的形式，而是以其他形式存在，它们成了从蜡烛里挣脱出来的看不见的上升气流的一部分。另外，还有一些值得一提的产物。我们在从蜡烛中产生的上升气流里发现了一部分可以在冰凉的勺子、盘子或其他干净的餐具表面发生冷凝的物质，另一部分物质是不能冷凝的。

我们先来分析可以冷凝的部分。说来奇怪，我们发现那一部分产物只是水而已——除此之外别无他物。上一回我顺便提到了这个问题，我只是说在可以冷凝的产物中含有水。今天我希望大家集中注意力，我们将仔细研究产物中的水，尤其是研究它与蜡烛的关系，以及水在地球表面的普遍存在。

我事先准备了从蜡烛的产物中提取冷凝水的实验用品，接下来我将给大家展示生成的水。为了给大量的观众进行展示证明水的存在，也许最好的方式是演示水的一种明显的作用，然后用容器底部收集到的一滴液体进行同样的实验，看是否能发生同样的作用。我准备了一种化学物质，它是由汉弗莱·戴维爵士[①]发现的，这种化学物质遇水能产生强烈的反应，我可以用它来验证水的存在。这种物质叫作钾，它是从钾碱里提取出来的。取一小块钾，放入水盆里，它会剧烈燃烧，发出光芒并在水中到处游动，这些现象证实了水的存在。这个容器里盛有冰块和盐（见图十一），容器下方有一根燃烧的蜡烛，现在我把蜡烛拿走，大家可以看到有一滴水珠挂在容器的下表面上——这是蜡烛冷凝后的产物。我将给大家展示钾遇到这滴水珠是否会产生与在水盆中同样的反应。请看，钾燃烧起来了，并产生了与之前的实验中同样的现象。假如我用这块玻璃板取一滴液体，当我把钾放在水珠上时，我们看到它立刻起火，由此可以判断出水的存在。这滴水珠是蜡烛产生的。如果我用同样的方式把酒精灯放在盛

① 汉弗莱·戴维爵士（Sir Humphrey Davy,1778—1829）：英国化学家，1807年用电解法分离出金属钾和钠。法拉第曾做过他的助手。

图十一

有冰块和盐的容器下方，你们将看到容器变得潮湿，上面挂满水珠——这些水珠是燃烧的产物。我相信大家很快便能看到水珠落在下方的纸上，我们由此得知酒精灯在燃烧中产生了大量的水。现在我要让它静置片刻，继续燃烧，随后你们将看到收集到的水有多少。如果我取一个瓦斯灯，在上方放置任何可以降温的物品，我也能得到水——这些水同样是从瓦斯的燃烧中产生的。

这个瓶子里盛有一些水——由瓦斯灯燃烧所得到的、经过蒸馏的纯净水，这些水与经过蒸馏的河水、海水、泉水等并无不同之处，它们是同一种物质。水是一种独立的物质——它永远不会改变。我们可以往水中加入些什么，或者将其分解开来，从水中得到其他物质，然而水就是水，它能以固体、液体或气体的形式存在，但本质保持不变。请看，这里面盛有油灯燃烧生成的水。事实上，一品脱[①]油在充分燃烧时会产生多于一品脱的水。大家再看，这里还有一些水，这是由一根蜡烛经过漫长的燃烧实验而得到的。大家可以用各种可燃物质进行实验，如果它们像蜡烛一样在燃烧时产生火焰，那么它们便能生成水。拨火棍的尖端就是很好的实验品，如果把冰凉的拨火棍放在蜡烛上，经过一段时间后上面便会产生冷凝的水珠；也可以使用汤匙、长柄勺等器具，只要它是干净的，并且能够带走热量，那么就能产生冷凝的水分。

现在，关于通过燃烧生成水的反应的历史，首先我必须告诉你们这种水能以不同的状态存在。尽管你们也许熟悉水的各种形态，但是我们仍然需要注意这个问题，从而更好地

---

① 品脱：容积单位。在英国，1品脱等于0.5683升。

⋮

理解水在发生状态变化时，无论它是由蜡烛燃烧产生的，还是从河水或海水中得来的，它的本质并没有发生改变。

首先我要说明的是，水在极寒冷的状态下会结成冰。我希望在座各位和我本人能够以科学研究的眼光来谈论水，无论它处于固态、液态，还是气态——在化学性质上，它们都是一样的。水是由两种物质化合生成的化合物，其中一种是我们从蜡烛燃烧中提取到的，另一种物质我们可以在别处找到。水能够以冰的形式存在。最近的天气给我们提供了观察这一现象的绝好机会。冰可以变回水——在上个安息日发生的一场不幸的灾难为我们展示了这一变化，许多人自家的房子或朋友的房子都被水浸泡了——这是因为当气温上升时，冰可以变回水。如果温度足够高，水也可以变成蒸汽。现在我们面前的水正处于密度最大的状态①，尽管它的重量、状态、形式和许多其他属性都能发生变化，但它仍然是水。无论我们通过降温使它结成冰，还是通过加热使它变成蒸汽，它的体积都将变大——水在结冰后会变得很坚硬，变成蒸汽后体积则会剧烈膨胀。假如，现在我要往这个圆筒里倒入一

---

① 水在39.1华氏度时密度最大。

点水，水的量大概有二英寸高，从注水的量可以轻松估计出它在容器里会升到多高。现在为了给大家演示水在液态和气态下占据的体积，我要加热圆筒，把水变成蒸汽，大家可以看到两种状态下体积的不同。

在圆筒加热的这段时间，让我们先来分析水变成冰的问题。我们可以通过盐和碎冰块的混合物进行冷却[①]，通过这种方式，我们可以看到水凝结成冰后体积也会随之扩大。这些瓶子是用坚硬的铸铁制作而成的，它们的瓶壁很厚，十分坚固——我想它们的厚度大约有三分之一英寸。这些瓶子里盛满了水，因此所有空气都被排出，然后把瓶盖拧紧。我们可以看到，当我们把铁瓶里的水冷冻之后，瓶子的容量将不足以容纳冰块，冰块将把瓶子撑破，就像这些碎瓶子一样，它们原本是同一种瓶子。我要把这两个瓶子放入冰块和盐的混合物中，以便给大家展示水在结冰时，它的体积是如何变化的。

与此同时，请看我们加热过的水所发生的变化——它的液体状态正在流失。我们可以通过两三个例子来进行判断。

---

① 盐和碎冰块的混合物能把温度从32华氏度降至0华氏度——同时，冰会变成液态。

我用一块透明玻璃片盖住了这个玻璃烧瓶，烧瓶里的水正在沸腾。你们看见发生了什么吗？玻璃片像阀门一样“咯咯”作响，这是因为从沸腾的水里冒出的蒸汽让玻璃片上下晃动，蒸汽从缝隙间冲向烧瓶外，因此发出响声。我们可以轻松得知烧瓶里装满了大量的蒸汽，否则蒸汽不会强行逸出。大家还能看到烧瓶中的物质比水的体积要大得多，因为它一次又一次充满了整个烧瓶，它正在进入空气中。然而我们看不出烧瓶里的水有明显减少，这表示当水变成蒸汽时，它在体积上的变化是很大的。

现在，盛有水的铁瓶在冰块的混合物中已经放置了一段时间，我们可以进行观察了。大家能看到瓶中的水与外部容器里的冰块之间没有直接接触，然而热量将在二者之间传导。我们的实验进行得很仓促，如果实验成功，等瓶子冷却至一定程度，我想大家将听见“砰”的一声，这只或那只瓶子将会爆裂。当我们检查瓶子时，我们将发现里面盛有冰块，由于冰块的体积比水更大，铁瓶的容积对它们而言太小了，冰块被困在瓶子里。你们很清楚冰块会漂浮在水面上。如果一个孩子从冰面上的洞口掉进水中，他会努力抓住冰块浮起来。为什么冰块能浮在水面上呢？简单来说，这是因为冰的体积比产生它的水要大，所以冰更轻，水更重。

现在，让我们回到水被加热后的反应上来。请看，这只铁筒正冒着一股蒸汽！从源源不断的现象来判断，我们一定制造了大量的蒸汽。正如我们可以通过加热把水变为蒸汽，我们也可以通过冷却让蒸汽重新变回液态水。如果取一块玻璃，或者任何冰凉的东西，把它放在这股蒸汽上，我们看到它很快就会因为沾上水汽而变得潮湿；在玻璃变热之前，蒸汽会不断地冷凝——冷凝后的水正沿着玻璃的边缘流下来。我准备用另一个实验来演示水从气态冷凝为液态的过程，正如蜡烛燃烧产物中的蒸汽以水的形式冷凝在盘子底部。为了展示这些变化的真实性和彻底性，我将取一只装满蒸汽的铁筒并封住顶端开口处（见图十二），在铁筒外部浇一些冷水，让筒内的蒸汽恢复至液态，让我们来观察这一反应。你们已经看到发生的现象了。如果我用塞子堵住开口，继续进行加热，铁筒便会被撑破；然而，当蒸汽恢复成液态时，容器却会塌陷，蒸汽的冷凝在容器内制造出一部分真空。这些实验的目的是指出在这些情况里，没有什么能把水变成其他物质——水仍然是水。因此容器不得不屈服，并向内凹陷；在另一个例子当中，继续加热将使容器向外膨胀。

图十二

当水变为气态时，你们认为它的体积有多大呢？请看这个立方体（见图十三），在它旁边的是一立方英寸的模型，它们的形状完全一致，水的体积（立方英寸模型）足以膨胀到蒸汽的体积（立方英尺模型）；反之，温度的降低会使大

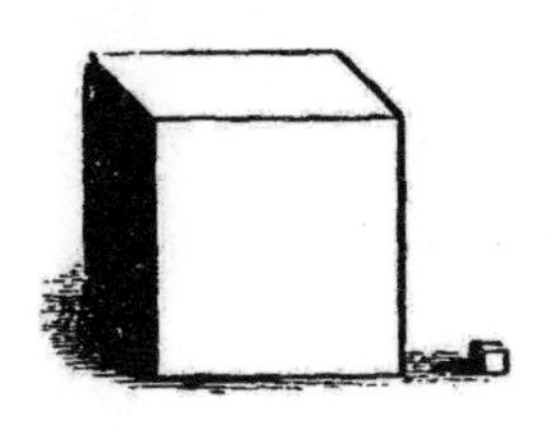

图十三

量的蒸汽收缩为少量的水。（这时，其中一只铁瓶碎裂了）啊！我们准备的一只瓶子裂开了，你们看，瓶壁上有一条八分之一英寸宽的裂缝。（此时，另一只铁瓶发生爆炸，冰冻的混合物四处飞溅）另一个瓶子也破了，尽管铁制的瓶壁接近半英寸厚，但是冰块仍然把它撑破了。水总是发生着这样的变化，这些变化并不总是需要通过人工手段来实现——我们在这里进行人工控制是因为我们只需要有限的低温环境即可，而不需要漫长、严酷的寒冬。然而如果你们前往加拿大或者英国的北方地区，你们会发现那里的室外温度会发挥与实验中这些冰块混合物同样的作用。

了解了这些道理，今后，我们将不会被水的任何变化所迷惑。水在各种情况下本质都是一样的，无论是从海里提取的水，还是蜡烛燃烧生成的水。那么，我们从蜡烛中得到的水在哪里呢？让我提前告诉大家吧。那些水显然是从蜡烛中产生的，可是水是事先存在于蜡烛里的吗？不。水不在蜡烛里，也不在蜡烛周围燃烧所必需的空气里。它不存在于二者的任意一个里，而是来自二者的共同反应，水的一部分来源于蜡烛，一部分来源于空气。现在我们便来追踪这一过程，从而彻底理解书桌上的蜡烛拥有怎样的化学历史。我们应该如何开始呢？我知道很多条途径，但我希望你们能利用我教过的知识自行在脑海中展开联想并寻找答案。

我想大家可以用这种方式得到一点感悟。刚才，我们见识到了一种物质在遇水时产生的反应。现在，我要用这个盘子再做一次实验来帮助大家回味起这一反应。我们必须小心地对待这个盘子，如果让一滴水落在盘子里，便会点燃盘中的一部分物质；如果有充足的空气，那么整个盘子都会着火。这是一种金属——一种美丽、明亮的金属，它的性质很活泼，暴露在空气中会迅速发生反应，遇水也会迅速发生变化。我要把一块金属放在水中，大家可以看到它燃烧起来，在水面与空气的交界处形成一盏美丽的浮灯。如果我们再取一些铁屑放入水中，那么我们发现铁屑也经历了变化，它们虽然不像钾那样发生剧烈的变化，却也产生了同样的改变，铁屑生锈，并在水上表现出一些反应，尽管与钾遇水时的反应强度不同，但整体而言，铁屑和钾遇水发生的反应是一致的。我希望大家能在脑海中对这些现象进行总结。我还准备了另一种金属（锌），如果用它进行实验，我们便有机会观察它的燃烧反应并研究它在燃烧后生成的固态产物。如果把一小条锌放在蜡烛的火焰上，你们将看到介于钾和铁在水上的燃烧反应之间的现象——你们将观察到一定程度的燃烧反应。锌燃烧后留下一些白灰，或者称之为“残留物”，在这次实验当中我们也发现了金属在水面上发生了一定程度的反应。

我们已经在一定程度上学会了如何调整这些不同物质的反应，并得出我们想要的结果。我们先来试一下铁。铁在各种化学反应当中是一种常见的物质，当我们在反应中得到一些结果时，总会发现那是热力作用的结果。如果我们想细致地检查反应物之间的相互作用，我们经常不得不借助于热力作用。大家知道铁屑在空气中可以旺盛地燃烧。接下来我将给大家做一个实验来解释铁在水中的反应，它会给大家留下深刻的印象。点燃一团中空的火焰——你们知道我让火焰保持中空是为了让空气进入火焰里，取一点铁屑撒在火上，它们烧得多旺啊！当我们点燃铁屑时，便发生了燃烧的化学反应。我们继续研究这些不同的效果，思考铁遇水时会发生什么样的反应。接下来的实验将循序渐进地显示出事情的真相，大家一定会感兴趣的。

图十四

图十五

我准备了一个火炉（见图十四），一根像铁炮管似的管子从火炉中穿过，管子里装满了亮闪闪的铁屑，铁屑在火上被烤至炽热状态。我们可以通过管道输送空气从而与铁屑进行接触，也可以用管道末端的小锅炉输送蒸汽。这个活塞可以堵住蒸汽并根据我们的需要而开启或关闭。这些玻璃罐里盛有一些水，我把水染成了蓝色，这样便于大家观察反应现象。你们很清楚通过这条管道输送的蒸汽如果进入水中将会凝结，因为你们已经见过蒸汽在冷却后无法保持气体状态。你们看到气体凝结后体积缩小，使得容纳它的铁筒向内凹陷。假设管道是冷的，那么如果我通过这根管道来输送蒸汽，蒸汽将会凝结，因此我要把管壁加热后才能给大家展示实验。我要让少量的蒸汽通过这根管道，当你们看到蒸汽从另一端出来后，可以自行判断它是否仍然保持气态。

蒸汽可以凝结成水，当我们降低蒸汽的温度时，它就变回了液态的水。我用这个罐子收集了通过管道的蒸汽并放在水中使其降温，然而蒸汽还是没有变成液态水。为了弄清楚这种气体的性质，现在我要用这些气体做另一个实验（见图十五），我需要把罐子倒置，否则气体会从罐子里跑出来。之后我把一根火柴放在罐口，它点燃气体并发出轻微的爆破声。这种现象告诉我们它不是蒸汽，蒸汽会使火焰熄灭——它并不能燃烧，而我们看到罐子里的气体可以燃烧。我们也可以从蜡烛或其他物质燃烧生成的水中获得这种物质。通过铁与蒸汽发生反应生成这种气体时，这些铁屑的状态会变得与燃烧后的铁屑很相似。铁屑变得比之前更重了。只要铁屑仍在管道里并被加热，然后在不接触空气和水的情况下进行冷却，那么铁的重量并不会发生改变。然而与这股蒸汽接触后，从蒸汽中得到了一些物质，铁屑就会变得比之前更重，并且我们看到它也释放了另一种物质。

现在讲到这里，我们准备了另一个盛满气体的罐子，我要给大家演示一个更有趣的实验。这是一种可燃气体，我可以立刻点燃罐子里的内容物，从而证明它是可燃的，但如果可以的话我想给大家展示更多的现象。科学研究的成果告诉我们它还是一种很轻的物质。蒸汽可以凝结，但这种物质在空气中不会凝结，而是会上升。如果我取另一个玻璃罐，让罐子里只充满空气，如果把一小根蜡烛伸进去，就能证明里面只含有空气（见图十六）。现在我要把之前那个罐子里的气体当作较轻的气体来对待。把两个罐子上下颠倒，然后把这个罐子正过来，置于另一个罐子的下方，盛有从蒸汽中获得的气体的罐子里现在含有什么呢？我们会发现现在里面只含有空气。看啊！这就是我从一个罐子倒入另一个罐子里的那种可燃物质，它仍然保持着它的本质、状态与独立性，因此在蜡烛的产物当中，它更值得我们进行研究。

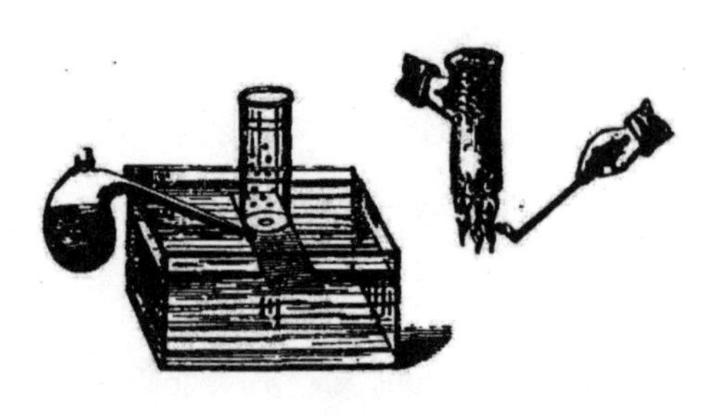

图十六

我们刚才通过铁屑与蒸汽或水发生反应制取的这种物质，还可以利用我们见过的其他能与水发生反应的物质来制取。取一块钾，在适当的反应后它便会生成这种气体。如果把钾换成锌，我发现锌之所以不能像其他金属那样在水中发生持续的反应，主要原因是反应产物在锌的表面形成了一种保护层。我们知道，如果只往容器里加入锌和水，它们本身并不会发生这样的反应，我们得不到任何结果。可是如果我倒入一点酸溶液，让阻碍反应的物质——锌表面的保护层溶解，当我这样做时，我发现锌立刻与水发生反应，就像铁与水的反应一样，只不过这是在常温下进行的。酸液除了与生成的氧化锌结合之外，没有发生其他变化。现在我把酸液倒入玻璃杯中，酸液像正在被加热似的沸腾起来。锌块开始冒出大量的物质，这种物质并不是蒸汽。这种气体充满了整个罐子，你们会发现当我把通过铁筒实验制取的气体收集到这个容器里并上下颠倒后，容器里剩下的是同一种可燃物，这就是我们从水中得到的——蜡烛中也含有的同一种物质。

现在，让我们来进一步明确二者之间的联系吧。大家已经知道这种可燃性气体就是氢——在化学里我们把它归入元素一类物质，因为它不能被继续分解而得到其他物质。蜡烛不是一种元素，因为我们能从中提取出碳元素，也能从中得到氢元素，至少可以从蜡烛生成的水中提取出氢元素。这种气体被命名为氢气。氢元素和另一种元素结合生成水。助理安德森先生已经制取了两三罐气体，我们可以用它们进行一些不同的实验，我想为大家展示用氢做实验时最佳的实验方式。我之所以为大家进行展示，是因为我希望大家能够自己动手做实验，不过你们在操作时一定要小心谨慎，并且要取得家人的同意。随着我们在化学领域的逐渐深入，我们将不可避免地与一些有害的物质打交道，酸液、热源和可燃物，如果使用不当便有可能造成伤害。如果你们想制取氢气，可以用少量的锌与硫酸或盐酸进行反应，实验很简单。过去我们把这个装置称为“哲学家的蜡烛”（见图十七）。它是一个带有软木塞的小药瓶，一根管子从软木塞中穿过。现在我要往瓶中加入几片锌。我要用这套简单的仪器来实现我们的目的——我想让大家看到你们也可以制取氢气，并用它在家中做一些实验。

图十七

我先来解释一下向小药瓶里加入反应物时，为什么要小心地装至接近顶端，但不能装得太满。这样做是因为反应生成的气体具有较强的可燃性，当它与空气混合时很有可能发生爆炸，如果在水面上方的空气被全部排出之前便把管道点燃，那么也许会发生事故。现在我要往小药瓶中注入硫酸，我只加入了极少量的锌，再加入一些硫酸和水来延长反应时间。我需要小心地调整反应物的比例，让反应速度保持稳定——不要太快也不要太慢。如果取一只玻璃杯，把它倒扣在管道的开口处，由于氢气较轻，我想它会在容器里停留一段时间。现在，让我们来检验一下杯子里的气体是不是氢气。我想我们的实验应该是成功了。现在我要点燃管道顶端的开口。你们看，一点就着，这就是氢气。氢气正在燃烧。这就是我们自制的“哲学家的蜡烛”。你们可以说这样的火焰太微不足道了，但它的温度是普通火焰很难达到的。这种火焰能够稳定地燃烧，为了研究燃烧的产物并运用我们所收集到的信息，我要把“哲学家的蜡烛”转移到一套设备的下方。由于蜡烛燃烧时生成水，并且这种气体是由水产生的，所以让我们来看看当这套设备在空气中燃烧并经历与蜡烛燃烧相同的反应后会得到什么产物。为了实现这一目的，我将把它放在这个仪器下方，从而让燃烧生成的产物凝结。很快，你们将看到水沿着侧壁向下流。氢气经过同样的流程燃烧生成的水在所有实验中都会产生同样的效果。氢气是一种十分美妙的物质。它的重量很轻，可以携带物体向上飞。氢气的密度比空气要小很多，我可以在实验中向大家展示这一点，请注意，同学们可以自己进行这项实验。请注意，这是氢气发生器，这是一些肥皂泡沫，我在氢气发生器上连接了一条橡皮管，橡皮管的另一端连着一个烟斗（见图十八），我可以把烟斗放进泡沫里，然后便能吹出氢气泡。如果我用嘴吹肥皂泡，它们便会向下飘，但如果我用氢气来吹它们，请注意观察不同之处，吹出的气泡飘向了天花板。向上飞的不仅是普通的肥皂泡，它的底部还挂着很大的一滴肥皂水，这证明肥皂泡里面的气体一定是很轻的。我还能用一种更好的方式来证明它是一种很轻的气体，比肥皂泡更大的气泡也能像这样升空。实际上，过去人们曾用这种气体来填充气球。助理安德森先生会把这根管子固定在我们的生成器上，我们可以往这个气球里充入氢气，我甚至不需要一丝不苟地把所有空气都排出，因为我知道一定量的氢气便足以带动气球上升。这里还有一只用薄膜制成的更大的气球，我们给它充气后便让它升空。你们看，在氢气流失之前，这些气球会

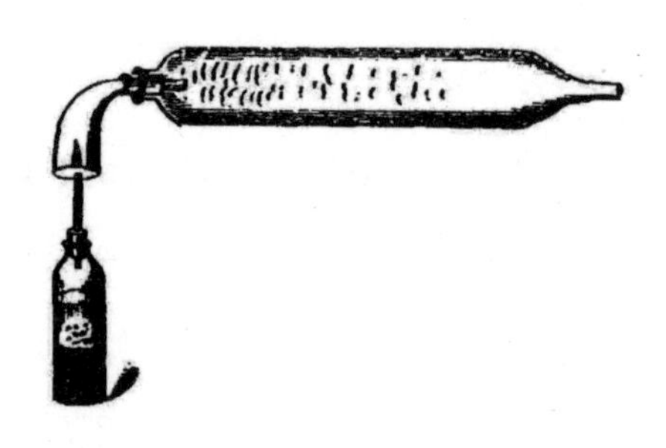

图十八

一直飘浮在空中。

那么，这些物质的相对重量是怎样的呢？我简单地说一下它们之间的重量比。我用品脱和立方英尺作为计量单位来统一说明各自的数值。一品脱氢气的重量相当于四分之三最小重量单位（格令[①]），一立方英尺氢气重十二分之一盎司，而一品脱水重 8750 格令，一立方英尺水重约 1000 盎司。由此，我们可以看到同等体积的水和氢气的重量有着多么大的差距。

在氢气的燃烧过程中和燃烧后的产物里都没有固体生成，氢气在燃烧时只产生了水，如果取一只冰凉的玻璃杯罩在火焰上，杯子表面会变得潮湿，我们就立刻得到了大量的水。氢气在燃烧时除了水之外并没有生成其他物质，这与蜡烛燃烧的产物相同。我们必须记住，在自然界中，氢气是唯一燃烧时只生成水的物质。

现在，我们必须争取寻找更多的证据来证明水的一般性质与构成，我需要多占用大家一点时间，这样在下一节讲座中我们可以准备得更加充分。在之前的实验中，我们让锌在

① 格令（grain）：一格令约等于0.0648克。

酸液的帮助下与水发生反应，从而使反应达到我们需要的效果。在我身后有一个电池组，在这节讲座的最后，我想给大家展示这组电池组的属性和效果，这样在下一节讲座中你们将会有一定的准备。我手里拿着的线头可以传输我身后的电源的电，我将把它们放入水中进行反应。

我们已经见过了钾、锌和铁的燃烧反应的剧烈程度，然而它们都没有展现出如此强大的能量。（讲师把电池的两极相连，电极发出强烈的闪光）产生这道光的能量大约相当于锌燃烧时释放能量的四十倍，通过这些电线，我能在手上随意释放出这样的能量——尽管如果我不小心把它用在了自己身上，它会在一瞬间给我带来灭顶之灾，这种能量极其强大，在我们数五个数的时间里，（讲师让两极相连，制造出电光）它的能量便相当于几场雷暴的能量，其中蕴含的力量是很强大的[①]。为了让大家见证它的能量之大，我可以用连接电池两极的线头来点燃这块铁锉。这是一种化学力量，在下次见面时，我将把这股力量应用在水中，并为大家展示由此得到的结果。

① 法拉第教授通过计算得知，分解1格令水所需的电能相当于一道强力的闪电所蕴含的能量。

第四讲

蜡烛中的氢

燃烧
生成水

水的另一
组成部分

氧

我能看出大家对蜡烛这一话题还没有感到厌倦，否则你们不会对这一系列讲座表现出如此浓厚的兴趣。我们发现蜡烛在燃烧时生成的水与我们在生活中看到的水是一样的，通过进一步分析生成的水，我们在其中发现了一种奇妙的物质——氢，这个罐子里盛有氢这种物质。后来我们看到了氢气燃烧释放出的能量，以及氢气燃烧生成的水。在上一节讲座的末尾，我向大家简单介绍了一种设备，它能把化学反应的能量转化为电能，并通过这几根电线进行传输。我说过要用这股能量来分解水，这样就能知道水除了含有氢之外，还含有何种元素。你们应该还记得，水流过铁管之后，尽管我们得到了大量的蒸汽，却没有获得与发生反应之前的水重量相等的蒸汽。现在就让我们来看看生成的另一种物质是什么。我们先来做一两个实验，从而让大家了解一下这套仪器的性能和作用。我们首先把一些熟悉的物质放在一起，然后观察这套仪器让它们发生了怎样的变化。这里有一些铜（请注意观察其所经历的不同变化），这是一瓶硝酸，它是一种强烈的化学药剂，把硝酸和铜放在一起，它们会发生剧烈的反应。铜正在冒出一股美丽的红色气体，但我们不需要这种气体，助理安德森先生会把反应物放在烟囱周围通风一段时间，然后我们就能在不受干扰的情况下继续实验。放进烧瓶里的铜将会溶解，并把硝酸与水的混合物变成一种蓝色的混合液体，其中包含铜和其他物质。接下来，我会给大家演示这套电池组如何作用于反应物，同时，我们将用另一个实验给大家展示电池组所蕴含的能量。我要给大家介绍一种物质，对我们而言它有些像水，也就是说，其中包含我们暂时还不知道的元素，就像水中也包含了一种我们讲到现在还不清楚的元素那样。现在，我要把这种盐溶液[①]滴在纸上，然后给它通电，让我们来观察一下发生了什么。接下来将出现三四种重要的现象，我们要好好观察这些现象。我把被溶液浸湿的纸放在锡箔上，这样可以使工作台保持干净，也方便之后进行通电。你们看，这种溶液在纸上和锡箔上都没有受到影响，与它接触的东西都没能令它发生反应，因此它可以

① 醋酸铅溶液在电流的作用下在阴极生成铅，在阳极生成过氧化铅。在同样的情况下，硝酸银溶液在阴极产生银，在阳极产生过氧化银。

用在我们的仪器上。不过，我们首先来确认一下仪器可以正常运转。这是电池的接线，让我们看看它们是否仍然保持着上一次使用时的状态，我们很快就会知晓答案。当我把它们连在一起时，电源并没有接通，因为输送机——我们称之为电极，它是电流的通道——没有接好。现在助理安德森先生示意我们，电极准备就绪。在开始实验之前，我要请助理安德森先生再一次把我身后的电源断开，我们要在电极之间接上一根铂丝，如果很长的一段铂丝能被点燃，我们的实验就能安全进行了。现在我们来接通电源。电源接通后，铂丝立即变为炽热状态，强大的电流正在通过铂丝，为了给大家展示电流的强度，我有意选择了细的铂丝。一切准备就绪，我们便可以用它来进行分解水的实验。

这里有两片铂，如果我把它们放在这张纸上（锡箔上的湿纸），我们不会观察到任何反应；如果把它们拿起来，我们还是观察不到明显的变化，一切都和之前一样。现在，请注意看：如果我把两个电极当中的任意一个单独放在铂片上，什么也不会发生，我得不到任何结果，然而如果让两个电极同时与铂片接触，请看发生了什么。（电池的两个电极下方都出现了一个棕色的圆点）请注意这个反应的效果，白

⋮

色的铂片上留下了棕色的痕迹。如果我这样安排，即把其中一个电极放在这张纸的另一面——锡箔上，我就能看到纸上产生明显的反应，让我们来看看我能否用电极写字，就像发电报似的，我现在用一根线头在纸上写下了“少年”二字，看字迹多清楚。这种实验是多么美妙啊！

大家看到我从这个盐溶液里提取出某种我们之前并不熟悉的东西。现在，我要从助理安德森先生手里接过烧瓶，让我们看看从这个烧瓶里能提取出什么。你们知道，这是我们刚才在进行其他实验的同时用铜和硝酸制取的溶液，尽管这个实验准备得很仓促，可能有些粗糙，但我还是希望能让大家看到我的实验过程，而不是提前准备好实验结果。

请看，这两片铂是这套仪器的两极（很快我就会把它们连接好），我要像刚才在纸上做的那样，让它们接触这种溶液。无论溶液是被滴在纸上，还是被装在罐子里，对我们来说都没有关系，我们只要把仪器的两极与之相连即可。把两片铂单独放入溶液，它们被取出后会与之前一样洁白无瑕；可是如果我们接通电源，把铂片连接在电池上，然后再次把它们浸入溶液里，你们看，这一片铂片，立刻产生变化，铂片变得像铜片似的，另一块铂片，却仍然很干净。如果我把两块铂片的位置互换，那么铜会离开右手边的这一片，转移到左手边的这一片上，之前被铜覆盖的铂片恢复如初，之前干净的那一片却裹上了一层铜。因此，我们可以通过这种方式把之前放入溶液中的铜取出来。

现在，我们先把铜和销酸的混合溶液放在一边，再来看一下这个仪器对水会产生怎样的作用（见图十九）。这是我准备用来当作电池两极的两块铂片，经过特别设计的小瓶 C 的形状便于拆分，大家可以看清它的构造。我在 A 和 B 这两个容器里分别倒入了水银，水银与铂片连接的电线末端相接触。我在瓶 C 里倒入了含有少量酸液的水（酸只起到促进反应进行的作用，并不在反应中发生变化），瓶子的顶端连接着一根弯曲的玻璃管 D，它也许会令你们想到上回讲座的火炉实验中连接在炮筒上的管子，玻璃管 D 插入罐子 F 的底部。现在，这套设备组装好了，我们要用某种方式来分解水。在其他实验里，我曾让水流经一根滚烫的管道，现在，我要让电流从这套设备当中流过。也许我能用电流把水煮沸，如果成功的话，我可以得到蒸汽。你们知道蒸汽冷却后会凝结，你们可以由此判断水是否被煮沸。不过，电流也可能没有把水煮沸，而是产生了其他的效果。让我们通过实验来观察反应现象吧。我要把这根线连在A这一侧，并把另一根线连在B这一侧，很快我们将看到是否有任何反应发生。水看起来正在沸腾，然而果真如此吗？让我们来看看生成的气体究竟是不是蒸汽。如果水中冒出的是蒸汽，你们很快将看到罐子F里充满蒸汽。可是罐子里的气体真的是蒸汽吗？当然不是。你们看，气体并没有发生变化。这种气体一直存在于水上，没有冷凝成水，因此不可能是蒸汽，而是某种永久性的气体。那么它是什么气体呢？它是氢气吗？还是其他气体？让我们来检验一下吧。如果它是氢气，那么它就可以燃烧。现在我点燃了收集到的一部分气体，气体被点燃并发出爆破

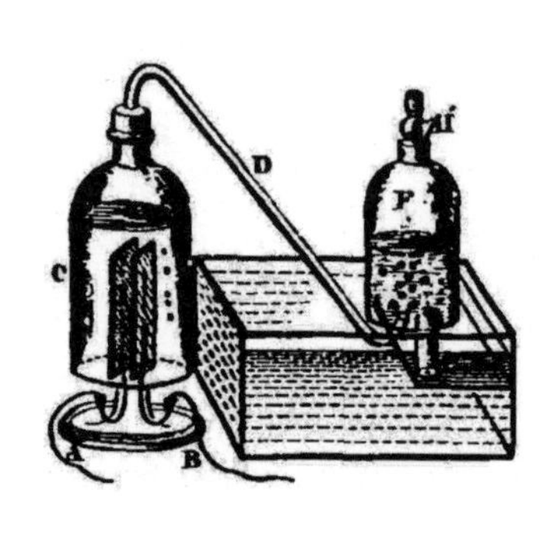

图十九

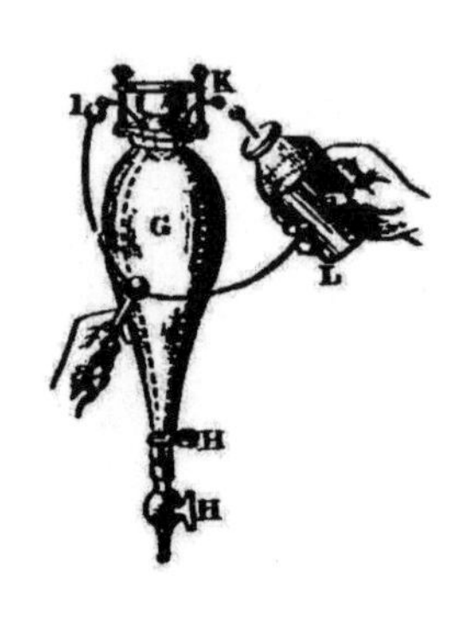

图二十

声，显然这是一种可燃气体，但它的可燃性与氢气不同，氢气在燃烧时不会发出刚才那样的响声，但这种气体燃烧时发出的光与氢气燃烧时的光很像，然而，它可以在不接触空气的情况下燃烧。我之所以选择了这套设备，就是为了给大家展示这个实验的特殊现象。我用一个封闭的器皿取代了开放式容器（我们的电池释放的能量太强，甚至能让水银沸腾，并得到正确的实验结果——不是错误的结果，而是恰到好处）。我将为大家展示无论我们得到的气体是什么，它都能在没有空气的情况下燃烧，在这一点上它与蜡烛不同，蜡烛的燃烧离不开空气。我们的实验过程是这样的（见图二十）：这个玻璃容器 G 连接着两根可以导电的铂金丝 I 和 K，我们可以用气泵抽走容器 G 里的空气，然后把它固定在罐 F 上，并用容器 G 收集电解水后生成的气体，这些气体是通过水的反应生成的——我可以这样说，通过这个实验，我们把水变成了这些气体。我们不是仅仅改变了水的状态，而是将它完全转变为气态物质，所有的水都在实验中被分解。把容器 G 和 H 拧紧，确保管道连接顺畅，打开三个活塞 H、H、H，观察容器 F 里的液面，你将发现有气体从中冒出。我们已经制造出了充足的气体，并把气体收集到这个容器里。现在，我要关闭活塞，从这个莱顿瓶[①]L中向容器里输送电火花，届时，原本清透的容器将变得模糊。由于容器的强度足以将爆炸限定在一定范围内，我们不会听到声音（电火花从莱顿瓶进入玻璃罐中，可爆炸的混合物被点燃了）。你们看见这道强光了吗？如果我再一次把这个容器接在罐子上，并打开所有活塞，你们会再一次看到有气体冒出。正如大家所看到的，那些气体（指的是罐子里第一次收集到的气体，它们已经被电火花点燃了）消失了，消失的气体让罐子里成为真空状态，于是新的气体进来了，这些气体生成了水。如果我们重复这一操作，我将再次制造出空缺，你们可以通过液面的上升来看出这一点。在爆炸发生后，容器里总是空的，因为水发生电解反应后生成气体，这些气体在电火花的影响下发生爆炸，重新生成水，过一段时间后你们将看到上方的容器里有几滴水沿着侧壁流向杯底。

现在我们只是在跟水打交道，完全没有提到空气。蜡烛在生成水的过程中得到了空气的帮助，然而通过我们的制取方法，可以在不借助空气的情况下生成水。因此，水中应

① 莱顿瓶（Leyden jar）：一种用来储存静电的装置，作为原始的电容器，莱顿瓶曾被用作电学实验的供电来源。

当含有蜡烛从空气中获取的那种元素，这种元素与氢结合生成水。

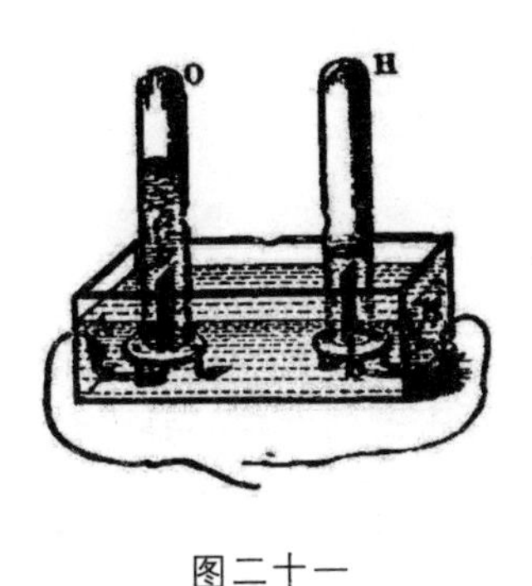

图二十一

刚才，我们看到了电池的一极从容器中的蓝色溶液里提取出了铜，这个反应受到了这根电线的影响。我们可以确定地说，如果电池对我们制取的含有金属元素的溶液具有如此强大的作用，那么也许我们可以利用电池对水进行拆分，把水的各个组成部分归置在不同的地方。我准备用电池两端的金属部分——电极对这个装置里的水进行实验（见图二十一），装置中的两极已经被分开了，让我们看看水会发生何种变化。把一个电极接在 A 处，另一个电极接在 B 处，我在两极上各放置了一个带有孔洞的小架子，这样从电池两极逸出的气体能够保持彼此分离的状态，因为我们看到了水没有变成蒸汽，而是转变为气体。电线已经和盛有水的容器连接好了，我们看到气泡正在上升，让我们来收集这些气体，看看它们究竟是什么。这是一个盛有水的圆柱形玻璃管 O，将它倒扣在电极的 A 端，取另一支玻璃管 H 倒扣在电极的 B 端，这样，一个双重装置便做好了，它可以从两处收集气体。两个玻璃管中都将充满气体，让我们开始吧。右侧（H）的气体注入得很快，左侧（O）则没有那么迅速，尽管一些气泡逸出了玻璃管，反应仍然进行得井然有序。你们可以看到 H 中收集到的气体的体积是 O 中气体体积的两倍。两个玻璃管中的气体都是无色的，气体位于水面以上而没有冷凝，它们在一切明显的性质上都很相似。现在，我们有机会对这些气体进行检查，并由此确认它们是什么。我们收集到的气体很充足，可以轻松地用它们进行实验。我们先从玻璃管 H 开始进行，请大家回忆一下如何识别氢气。

想一想氢气的所有性质——它是一种很轻的气体，能停留在上下颠倒的容器里，在罐口处燃烧时会发出微弱的火光——然后观察这种气体是否满足了所有条件。如果它是氢气，那么在我把罐子上下颠倒后，它仍会留在容器内。点火后，它还会产生燃烧反应。另一个罐子里盛有何种气体呢？你们知道，这二者的混合气体可以发生爆炸。那么，我们发现的构成水的另一种气体，同时也是使氢气燃烧的气体，会是什么呢？我们知道倒入容器中的水是由两种元素组成的，其中一种是氢，另一种在实验之前便存在于水中，现在我们通过实验得到了它。我要把这根点燃的小木棍伸进盛有这种气体的容器里。这种气体本身并不燃烧，但它能使小木棍继续燃烧。这种气体让木棍烧得更旺，木棍在这种气体里的燃烧效果比在空气中要好很多。由此可以看出，蜡烛燃烧时生成的水中含有的另一种元素一定来自大气之中。我们应当怎样称呼它呢，A、B 还是 C？我们用 O 来代表它，并把它称为“氧”，这是一个听起来很特别的好名字。这就是水中含有的氧，氧在水中占有很大的比重。

讲到现在，我们开始深入理解这些实验和研究。检查了几次实验结果后，我们很快就能明白蜡烛为什么能在空气中燃烧。我们已经用上述方式对水进行了分析——也就是说，把水的组成部分从水中分离或电解出来——便得到了两份氢气和一份可以令氢气燃烧的气体。我们会发现与氢相比，水中的另一种元素——氧，分量是非常重的。

我们已经看到了氧气是怎样从水中分离出来的，现在，让我来给大家讲解一下我们如何制取充足的氧气。说到氧气，大家可以立即想到，氧气是存在于空气中的，否则蜡烛燃烧时怎么会生成水呢？如果空气中不含有氧气，从化学的角度来看，那将是不可能的事情。我们能从空气中提取出氧气吗？我们可以通过一些十分复杂和困难的流程从空气中得到氧气，但我们也有更好的方法。有一种物质叫作二氧化锰，它是一种漆黑的矿物质，看起来不起眼，用途却很大，我们把它作为催化剂加热后可以得到氧气。这个铁瓶里盛有一些二氧化锰（图二十二），一根管子固定在瓶子上，火源已经准备好了，助理安德森先生会把这个蒸馏瓶放在火源上，它是铁制的，可以承受高温。这是一种名叫氯酸钾的盐类，它被批量生产用于漂白、化学、医学、烟火等领域。取少量氯酸钾与二氧化锰混合（也可用氧化铜或氧化铁代替二氧化锰），把混合物放入蒸馏瓶，无须很强的热量便足以令混合物生成氧气。我不准备制取大量的产物，我们的实验只需要少量的氧气，然而，如果制取的气体太少，那么最早产生的气体会和瓶里的空气混合在一起，因此我不得不牺牲最早制得的那部分被空气稀释的气体，这一部分气体必须被放

图二十二

弃。在这个实验当中，你们将发现一盏普通的酒精灯的火焰足以让我制得氧气，我们将通过两个流程来进行准备。请看，气体正源源不断地从混合物中升起，我们将要检查这些气体并确认它们的性质。你们将观察到，我们通过这一实验制得的气体与我们用电池制取的气体一样，是透明的，不溶于水，看起来拥有空气的常见属性（第一个罐子里装有空气，还有制取的第一部分氧气，我们把它拿走，并准备好在稳定的条件下进行实验）。由于我们通过电解水制取的氧气具有令木材、蜡和其他物体燃烧的力量，我们也可以期待在这次实验里发现相同的属性。让我们来试试吧。这是点燃的蜡烛在空气中燃烧的状态。现在，我把它放进罐子里，蜡烛的火苗是多么明亮耀眼啊！我们看到的还不只这些——你们能察觉到氧气是一种比较重的气体，充满氢气的气球会飞上天，如果氢气没有被气球包裹住，甚至飞得更快。你们可以一目了然地看到，尽管我们从水中获取的氢气的体积是氧气的两倍，氢气的重量却不是氧气的两倍——因为其中一种是较重的气体，而另一种却是很轻的气体。我们有办法能给气体或空气称重，但我不想占用时间进行解释，我还是直接告诉大家它们各自的重量吧。一品脱氢气的重量是四分之三格令，同等体积的氧气的重量接近十二格令，二者之间有着很大的差距。一立方英尺氢气的重量是十二分之一盎司，一立方英尺氧气的重量为一又三分之一盎司。我们可以由此类推至能用天平称量的重量，重达上百个砝码甚至几吨的气体也能立刻称量出来。

氧气维持燃烧的属性可以与空气进行比较，我会用一根蜡烛简单地向大家展示这一属性，我们将得出大致的结论。这是蜡烛在空气中燃烧的效果（见图二十三），当它在氧气里燃烧时会是什么样的呢？这是一罐氧气，我准备把它扣在蜡烛上，大家可以比较它与空气的反应。请看，蜡烛的光芒与我们在电池两极观察到的现象很像。可以想象这种反应有多么剧烈！然而，在反应的全过程中，除了蜡烛在空气中燃烧所得到的产物之外，并没有其他产物生成。当我们用这种气体取代空气来供给蜡烛的燃烧时，我们不仅得到了同样的产物水，还观察到了完全一致的反应现象。

图二十三

我们已经对这一新的物质有了一定的了解，便可以进一步观察它，从而获得对这种蜡烛燃烧产物的全面认识。这种物质的助燃性之强令人惊叹。比如这一盏灯，虽然它的结构很简单，却是许多用途迥异的灯的原型——例如灯塔、微观照明灯和其他用途的灯具。如果我们想让这盏灯更亮一些，你们也许会说："如果蜡烛在氧气中燃烧得更旺盛，那么灯火在氧气中应该也会更旺吧？"确实如此。

助理安德森先生给我准备了连接着制氧装置的容器（见图二十四），我要让它靠近事先调节至微弱状态的火焰。氧气

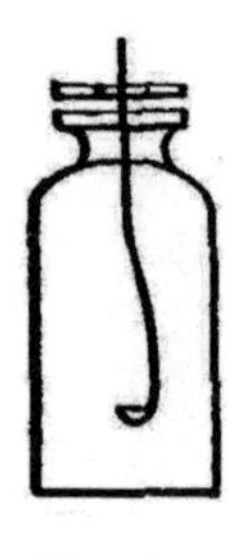

图二十四

冒出来了，它让燃烧反应变得多强烈啊！可是，如果切断氧气输送，灯火会有怎样的变化呢？（氧气流中断了，灯火恢复了原来的昏暗状态。）通过氧气，可以令燃烧反应加速，这种现象很奇妙。然而氧气影响的不只是氢气、碳和蜡烛的燃烧，它还能够促进所有常见的燃烧反应。让我们来看看铁燃烧的例子吧（见图二十五），大家已经见过了铁在空气里的微弱的燃烧现象。这是一罐氧气，这是一截铁丝，即使它是像我的手腕一样粗的一截铁棍，它的燃烧效果也是相同的。首先在铁丝上绑上一小块木头，然后把木头点燃，把它们一同放入氧气罐中。木头在氧气中燃烧并发出明亮的光，

很快，它将把火焰传递给铁丝。铁丝正在剧烈燃烧，这种燃烧将持续很长一段时间。只要我们保证氧气的供给，便能令铁丝持续燃烧，直至燃烧殆尽。

图二十五

现在，我们把铁丝放在一边，换成其他物质。由于时间有限，我们无法做完所有的实验，我只能给大家展示其中的一部分。取一块硫黄——你们知道硫黄在空气中燃烧的效果，我们把它放入装有氧气的罐里，大家可以看到，在空气中能燃烧的物质放入氧气罐后都能发生更剧烈的燃烧。这不禁让我们思考，也许空气的助燃性全都归功于这种气体。现在，硫黄在氧气中稳定地燃烧着，任何人只要看一眼就知道它在氧气里燃烧时的剧烈程度比在空气中燃烧要强烈得多。

现在，我想再给大家展示另一种物质的燃烧现象——磷。这个实验在实验室里比在家中完成的效果要好。磷是一种燃烧性很强的物质，它在空气中便可以自燃，大家觉得它在氧气里燃烧的效果会是怎样的呢？我不准备给大家展示磷的最旺盛的燃烧状态，因为如果这样做，我们的仪器也许会爆炸——即使是现在，这个罐子也有碎裂的可能性，我可不想由于粗心大意而破坏实验器具。大家看到磷在空气中的燃烧状态就非常剧烈了。可是，当我把它放入氧气中时，磷发出的光芒是多么耀眼啊！固体颗粒四处飞溅，燃烧发出的光芒是如此灿烂夺目。

到目前为止我们已经测试了氧气的助燃性，它能令其他物质发生剧烈的燃烧。现在，我们还需要看一下氧气与氢气的关系。当我们把电解水生成的氧气和氢气混合并点燃时，发生了轻微的爆炸。大家还记得吗？当我点燃了一根管子里的氧气和氢气时，燃烧发出的光很微弱，但散发出的热量却很强。现在，我准备点燃氧气和氢气的混合气体，二者的比例与它们在水中的比例相同。这个容器里含有一体积的氧气和两体积的氢气。这种混合气体的性质与我们刚用电池组制取的气体完全相同，气体的量很大，不适合全部用于燃烧，因此我准备用它来吹肥皂泡，然后点燃那些气泡，这样我们便可以从一两次普通的实验里看出氧气如何维持氢气的燃烧。首先，让我们来尝试吹一个肥皂泡。我用一只烟斗向肥皂泡沫里充入这种混合气体，一个肥皂泡吹好了。我用手接住了气泡，你们也许觉得我这样做实验很奇怪，可我这样做是为了向大家证明不能总是依赖于声音进行判断，而是要看重事实。我只敢让手上的泡沫发生爆炸，不敢点燃烟斗上的气泡，因为那样做会把与烟斗连接的管子炸裂。氧气将与氢气结合，正如大家所观察到的现象和听到的声音那样，在剧烈的反应中，氧气迅速地和氢气发生了反应。

通过这节讲座，我想大家现在可以从氧气与空气的关系的角度来看待水的生成和分解。为什么一块钾可以分解水？因为它能与水中的氧结合。如果我把另一块钾放入水中，当我这样做时，被释放出来的物质是什么呢？被释放出来的是氢气，氢气可以燃烧，钾与氧气结合，这块钾让水发生分解——我们可以认为，这些水就是蜡烛燃烧时生成的水——并像蜡烛从空气中获得氧气那样与氧结合，由此释放出氢气。即使把钾放在一块冰上，氧气和氢气之间的密切关系也会让冰上的钾被点燃。今天我为大家展示的实验是为了拓展大家的思路，大家可以观察到，随着情况的变化，实验结果也会受到很大的影响，放在冰块上的钾甚至能制造出火山爆

⋮

发般的效果。

了解了这些非常特殊的反应后，在下一场讲座中，我将为大家说明，只要我们遵守大自然的法则，当我们点燃蜡烛、点亮街灯或者使用壁炉时，这些奇怪而又危险的反应现象便不会发生。

第五讲

空气中的氧

空气的本质

空气的属性

蜡烛的其他产物

碳酸

碳酸的属性

在上场讲座中，我们用蜡烛燃烧生成的水成功制取了氢气和氧气。你们已经知道了氢气是蜡烛燃烧生成的，而氧气来自空气。可你们完全可以向我提问：“为什么空气和氧气对蜡烛的助燃效果不一样呢？”如果你们还记得把一罐氧气倒扣在蜡烛火焰上的实验，你们就会想起蜡烛在氧气里的燃烧与在空气中完全不同。这是为什么呢？这个问题很重要，值得仔细讲解，它与空气的本质息息相关，对我们的研究也有着重要的意义。

除了物质的燃烧，我们还可以通过其他实验来验证氧气的存在。大家已经观察过蜡烛在氧气与空气中的燃烧反应，也观察过磷在空气和氧气中的燃烧，还见过铁屑在氧气中的燃烧。除此之外，还有其他一些实验，我想用其中的一两个实验来拓宽大家的思路。我准备了一个盛有氧气的容器。我将给大家证明氧气的存在：点一根火柴，放入容器中，通过上一场讲座的经验，大家知道将会发生什么。如果我把火柴放进罐子里，火焰将告诉我们罐子里是否盛有氧气。没错！我们用燃烧反应证明了氧气的存在。我们再来看另一个实验，这个实验很新奇，也很实用。我准备了两个装满气体的罐子，罐子相连的地方有一个挡板，它可以防止气体混合，把挡板抽走，气体便会相互混合。结果会怎样？你们会说："混合后的气体没有像蜡烛那样燃烧起来。"然而氧气的存在已经被另一种气体[①]证明了。通过这种混合方式，我们获得了一种十分美丽的红色气体，恰好证实了氧气的存在。我们还可以用同样的方式把普通的空气与这种测试气体进行混合。这个罐子里装有空气——可以让蜡烛在其中燃烧的空气，这是盛有测试气体——氧化亚氮的瓶子。我要让这两种气体在水上混合，大家可以观察到结果：测试气体正在流入装有空气的罐子里，发生的反应与之前一样，这表明空气中含有氧气——与我们从蜡烛燃烧生成的水中得到的氧气是同一种物质。除此之外，为什么蜡烛在空气中的燃烧效果不像在氧气中那样旺盛呢？我们很快就会讲到这一点。我准备了两个

---

① 被用来测试氧气的存在的气体是氧化亚氮，也被称为"笑气"。它是一种无色气体，当它与氧气接触时会与之结合生成过氧化氮，也就是我们看到的棕红色气体。

高度相同的罐子，里面都盛有气体，看起来没有明显的差异，虽然我知道两个罐子里各自盛有空气和氧气，但目前我确实不知道哪一个罐子里盛有氧气，哪一个盛有空气。这是我们的测试气体，我将用它分别与两个罐子里的气体进行反应，从而验证这两种气体令测试气体变红的能力是否存在差异。现在，我要把测试气体加入其中一个罐子里并观察反应现象。大家看到，气体变红了，这说明罐子里有氧气存在。我们再来测试一下另一个罐子。这回气体变红的现象不像之前那么明显，此外，还有一个很奇特的现象——如果我把这两种气体与水混合并摇晃均匀，红色的气体将被水吸收，然后，如果加入更多的测试气体并再次摇匀，将有更多的红色气体被吸收。只要罐子里还有剩余的氧气，这个实验可以一直重复下去。如果向罐子里充入空气，不会有明显的变化，然而一加入水，红色的气体便消失了。按照这种方式，我可以不断地向罐子里补充测试气体，直到最终剩余的气体再也无法变红。这是为什么呢？很快大家就能看到，这是因为除了氧气，还有其他东西也被剩下来了。我将向罐子里充入更多的空气，如果气体变红，我们便可得知罐子里仍然存在可以变红的气体，所以空气被剩下并不是因为缺少这种原料。

现在，想必大家对我接下来要提到的问题已经有了一定的概念。大家已经知道磷与空气中的氧气燃烧生成的气体一部分逐渐冷凝为烟雾，剩下的气体之中有很大一部分并没有在燃烧中被消耗掉，正如这种红色的气体也留下了一些残余物——这种剩余的气体无法与磷发生反应，也无法与红色气体发生反应，这种气体不是氧气，却也存在于空气之中。

通过上述方法，可以把空气分为两部分——可以令蜡烛、磷和其他可燃物燃烧的氧气，以及不能令可燃物燃烧的另一种物质——氮气。氮气在空气中所占的比例比氧气更大，当我们研究它时便会发现它是一种奇妙的物质。尽管如此，也许它仍然无法引起你们的兴趣，氮气的乏味之处在于它无法呈现出精彩的燃烧现象。如果我像检测氧气和氢气那样用一根点燃的小木棍进行实验，氮气不会像氢气那样被点燃，也不会像氧气那样使木棍燃烧得更旺，无论我怎样尝试，它都不会表现出氧气或氢气的性质：它不会被点燃并产生火焰，它不会令小木棍继续燃烧，它能熄灭所有燃烧反应。通常情况下，没有什么物质可以在氮气中燃烧。氮气没有气味，没有刺激性，不溶于水，既没有酸性，也没有碱性，对人体的所有器官都不会起到什么作用。你们也许会说："它什么也不是，它在化学领域没有什么价值，那么它在空气中有什么作用呢？"让我们通过观察来得出准确的结论吧！假如空气中不含有氮气，而是全部由纯净的氧气组成，那么我们的生活将会发生怎样的变化呢？我们很清楚如果把铁片装入盛有氧气的瓶子里并点燃，燃烧会一直持续下去，直到铁片和氧气被耗尽。当我们看到点着火的铁炉时，假如空气完全由氧气构成，那么想象一下铁炉会变成什么样吧。炉子大概会比煤炭烧得更旺——因为铁炉本身比炉子里的煤炭更易燃。如果空气里全是氧气，那么在蒸汽火车上点火就会像点燃了弹药库似的。氮气中和了氧气的助燃性，使得空气变得更温和，也更实用。除此之外，氮气还带走了蜡烛燃烧时产生的烟雾，让烟雾在空气中分散开来，并把它们带往对人类有益的地方去，从而维持植物的生长，氮气便是这样发挥作用的，尽管你们在观察它时也许会说："它真是一种毫无特点的物质。"氮元素在通常状态下是一种不活泼的元素，只有在很强的电流作用下，才会有极少量的氮元素与空气中或周围环境中的其他元素相结合。氮元素的性质十分稳定，因此氮气是一种安全气体。

1　0　0

⋮

然而在下结论之前，我必须先给大家介绍一下空气本身。我在下方的表里列出了空气的大致构成：

	体积占比	重量占比
氧气	20%	22.3%
氮气	80%	77.7%

这便是空气中含有的氧气与氮气的比例。通过分析，我们发现 5 份空气中只含有 1 份氧气，却有 4 份氮气。这就是我们对空气进行分析后得到的结果。为了控制氧气的含量，需要大量的氮气，这样一来，空气既能使蜡烛正常燃烧，又能保证我们的肺部进行呼吸时的健康和安全。

关于空气的构成，首先，我们来看一下各种气体的重量。一品脱氮气的重量为十又十分之四格令，或者说一立方英尺氮气重达一又六分之一盎司，这是氮气的重量。氧气要更重一些：一品脱氧气的重量是十一又十分之九格令，一立方英尺氧气重达一又三分之一盎司。

⋮

图二十六

一些同学曾多次向我提问："怎样称量气体的重量呢？"这令我感到很高兴。称量气体的方法很简单，可以轻松地完成，让我来给大家展示一下吧。这个装置是天平，这是一个铜制的瓶子（见图二十六），这个做工精巧的铜瓶在保证坚固的前提下被做得尽可能轻，瓶子的密封性很好并且带有一个活塞，我们可以根据需要将活塞打开或者关闭。现在活塞处于打开状态，因此瓶子里装满了空气。我已经把这个天平校准了，铜瓶在当前状态下与另一侧的砝码达到了平衡。我们可以用这个气泵向铜瓶里打入空气，当我按照气泵上的刻度打入一些空气，再把铜瓶密封后放在天平上，铜瓶下沉了，它的重量变得比之前更重了。多出的重量是什么呢？正是我们用气泵打入的那些空气。瓶里空气的体积并没有变大，虽然空气的重量增加了，体积仍然保持不变，因为充入的空气被压缩了。为了让大家对瓶内空气的体积产生直观的印象，我准备了一个装满水的罐子（见图二十七），把铜瓶里的空气倒入这个罐子里，使铜瓶里的空气恢复之前的状态，我只需要把这两个容器紧紧拧在一起，然后打开活塞，你们看，这就是我向铜瓶里充入的二十体积的空气，等量的水被挤了出来。为了证明我们的操作无误，重新把铜瓶放在天平上，如果现在它与原本的砝码达到平衡，我们便能确定刚才的实验流程是正确的。我们看到天平达到了平衡。我们

图二十七

可以用这种方式得出用气泵注入的空气的重量，从而确定了一立方英尺空气的重量为一又五分之一盎司。然而，仅凭这个小小的实验绝不可能让大家全面地理解事情的真相。从更大的体量上来看，则会有更奇妙的效果。这些空气（一立方英尺）重约一又五分之一盎司。我特意准备了一只盒子，你们认为盒子里的氧气有多重呢？盒子里的空气有一磅重——整整一磅。我计算过这个房间里的空气的重量——你们也许很难想象，但实际上这里的空气有一吨多重。随着体积的增加，空气的重量增加得很快。大气中的氧气与氮气的存在十分重要，空气也担负着运输的功能，它能把有害气体运输到适当的地方，使它们变废为宝。

做完了关于空气重量的小实验后，我们再来看几个例子。如果没有这些具体的实验，大家很难深入理解它对事物所起的影响。你们还记得这一类实验吗？这个气泵与之前我用来向铜瓶中打入空气的气泵相似，如果我这样放置它，就能对其进行操作（见图二十八）。我的手可以轻松地在空气中随意挥舞，几乎不会有任何感觉，仅凭我自身的动作，我很难达到足够的速度，也很难感觉到任何阻力。可是，当我把手放在气泵的圆筒上，然后抽出了圆筒里的空气，大家

⋮

可以观察接下来发生了什么。我可以随意拉动摇杆，可是为什么我的另一只手仿佛被固定在圆筒上了呢？看！我几乎没办法把手拿下来。这是为什么？其实这是由空气的重量造成的——位于我的手上方的空气的重量。

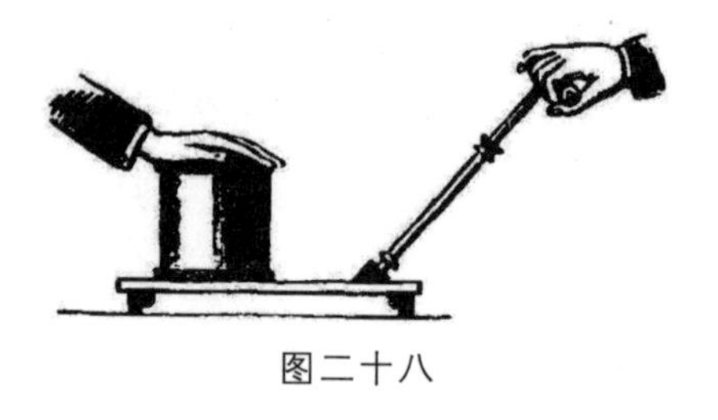

图二十八

我还准备了另一个实验，我想这个实验能把问题解释得更清楚。我在玻璃杯的开口处蒙上了一层薄膜，当我用气泵抽出玻璃杯里的空气时，大家可以看到杯口薄膜的形状变化。现在杯口的薄膜是平的，我只需轻轻操作气泵，然后我们再来观察——薄膜朝着杯子内部凹下去了。薄膜凹陷得越来越深，如果继续抽气，伴随一声巨响，薄膜最终会在大气的压力下破裂。这完全是由空气的压力造成的，大家可以轻松地理解这是怎样一回事。大气中的粒子就像这五个立方体一样相互叠加在一起（见图二十九），其中的四个立方体压

图二十九

在最底下的那一个之上，如果我把最底下的立方体拿走，其余的四个便会沉下来。大气的情况也是同样如此，上层的空气依赖于下层空气的支撑，当我把手放在圆筒上时，如果抽走下方的空气，便会发生大家所看到的变化，玻璃杯上的薄膜也是，在接下来的实验中大家可以看得更清楚。我在这个罐子上系了一片橡皮膜，现在，我要把罐子里的空气抽出来，请大家观察橡皮膜的变化——它将下方的空气和上方的空气分隔开，当我抽气时，空气的压力便能通过橡皮膜的变化直观地表现出来。请看橡皮膜沉得有多深——我甚至能把手伸进罐子里，这样的结果仅仅是由橡皮膜上方的强大的空气压力造成的。这些实验生动地展现了这一独特的现象。

⋮

我还准备了一套仪器，今天的讲座结束后，大家可以来实验一下。这套仪器由两个黄铜制的空心半圆球组成，两个半圆球紧紧结合在一起，上面连接着一根管子和一个旋塞，可以通过管子和旋塞抽出半圆球内部的空气。当内部充满空气时，两个半球可以轻松地分离。然而，如果把球体内部的空气抽出，无论是谁都无法把两个半球拉开。当球体内部的空气被抽出后，球体表面每平方英寸的承重约为十五磅。大家不妨前来挑战一下，看看自己的力量能否克服大气压力。

吸盘是孩子们很喜欢的一个玩具，我手上的这个被科学家改良过了。年轻人完全可以从玩具里发现科学，就像如今我们正在把科学变成玩具。这是一个由橡皮制作的吸盘，如果把它扔在桌上，它立刻就能吸附在桌面上。这是为什么呢？它可以在桌上滑动，但如果我试图把它从桌上扯下来，它会紧紧吸住桌子，我几乎能把桌子提起来。我能轻松地让它在桌面上滑动，可是只有把它滑到桌子边缘才能将它取下来。将它固定在桌上的是上方的大气压力。我准备了几个这样的吸盘，如果把两个吸盘对在一起，它们会紧紧吸住彼此。我们也可以按照它们原本的用途来使用它们，把吸盘粘在窗户上或者墙上，它们可以吸附一整夜。但我想给大家展

⋮

示一些你们可以在家中完成的实验，因此准备了这个绝佳的实验用来展示大气的压力。这是一杯水，假如我要求把杯子上下颠倒，却不让水洒出来，同时不能用手堵住杯口，只能借助大气压力来完成，你们能做到吗？取一只葡萄酒杯，往里面倒水至近满或半满，在杯口放一张扁平的卡片，把杯子倒置，然后观察卡片和水的状态。杯口边缘的水的毛细引力作用会导致空气无法进入杯中，水也流不出来。

我想这个实验可以让大家感受到空气的物质性。当我说这个盒子里的空气有一磅重，这个房间里的空气重达一吨时，你们便会开始把空气当作重要的事物来看待。下面我将用另一个实验来让大家相信空气阻力的存在。这是一个用玩具枪进行的有趣的实验。玩具枪是用羽毛笔、管子等类似的小物件制成的，制作方法十分简单——用去皮的土豆片或苹果片当作子弹塞进枪管里并推至尽头，管子的末端很紧，再取一块子弹塞进枪管，子弹会完美地堵住枪管里的空气，这正是我们需要的。现在，即使我用尽全力也不能把这一小块子弹推至另一块子弹旁边，这是做不到的事情。我可以把枪管内部的空气压缩至一定程度，可是如果我继续用力推，那么在这颗子弹被推至尽头之前，被压缩的空气就会把另一颗子弹射出去，力量之大胜似火药，真实的子弹里的火药发生的反应与我们看到的玩具枪类似。

前不久，我看到了一个很有趣的实验，我想这个实验很适合用来说明我们正在讨论的问题。在开始实验之前，我应该保持几分钟的沉默，因为实验成功与否取决于我的肺活量。通过吹入足量的空气，我应该可以把这颗蛋从一个杯子吹入另一个杯子，不过即使我失败了，这次尝试也是值得的。为了实验的顺利完成，我已经做了大量准备工作，但我还是无法保证一次就成功。

大家看，我吹出的气落进了鸡蛋和杯子之间，在鸡蛋的下方形成一股气流，从而举起有一定重量的物体。如果大家想自己尝试进行这个实验，最好提前把鸡蛋煮熟，然后小心地尝试把它从一个杯子吹进另一个杯子，这样会比较安全。

我们已经花费了大量时间来探究与空气重量有关的属性，但我还想补充一点知识。刚才大家看到我可以让这把玩具枪里的第二发子弹向里推进半英寸或三分之二英寸，然后第一发子弹才会在气压的作用下被挤出去——就像我在之前的实验里用气泵给铜瓶打气那样。这个现象涉及空气的一种奇妙的属性，即弹性，让我给大家展示一下。这个钟形罩里

⋮

有一个薄膜袋，它可以很好地包住空气，还可以通过表面的收缩与膨胀来衡量空气的弹性。这个膜袋里盛有一定量的空气，如果用与增加大气压力相类似的方法来降低膜袋外部的气压，那么我们将观察到膜袋不断地膨胀，变得越来越大，直到充满整个钟形罩。由此我们可以很直观地看出空气的弹性，即压缩性和扩展性。空气在自然界中所发挥的创造能力离不开这一属性。

现在，让我们来看看这一讲的另一个重要部分，我们已经检查过蜡烛的燃烧反应，并发现了蜡烛燃烧后生成的各种产物。其中包括烟灰、水，以及我们尚未分析过的物质。我们收集了蜡烛燃烧生成的水，但其他产物则消散在空气中。现在，让我们来检查剩余的一些产物吧。

我想这个实验可以帮助我们更好地理解问题（见图三十）。把蜡烛放在这个轮形架上，用这个烟筒把蜡烛罩住，这样一来，由于蜡烛上方和下方的空气都是流通的，我们的蜡烛就能持续地燃烧。首先，我们看到了熟悉的湿气，那是蜡烛中的氢与空气中的氧作用生成的水，除此之外，一些干燥的气体正从蜡烛上方飘出来——它不是蒸汽，也不能凝结。总之，它有着十分奇特的属性。如果我拿着一根点燃的火柴

图三十

靠近烟筒上方的出风口，你们会发现喷出的气体几乎能让火柴熄灭。如果把火柴放在正对着出风口的地方，火柴便熄灭了。你们说这是应该发生的现象，我猜你们之所以这样说是因为氮气不支持燃烧，理应使蜡烛熄灭。可是，除了氮气之外还有其他东西在发挥作用吗？现在，我必须做一个预测，也就是说，我必须利用自己的知识为大家提供进行科学验证的方法，并对这些气体进行检测。现在，我取一个空瓶子罩在烟筒上，蜡烛燃烧产生的气体便会被收集到这个瓶子里，我们很快就会发现，这个瓶子里的气体不仅能让燃烧的木条熄灭，还拥有其他的性质。

1 1 1

⋮

取一点生石灰，加入一些水——普通的水即可，搅拌一会儿后，把加水的石灰倒入有过滤纸的漏斗里，很快，清水便会流入下方的瓶子里。我用另一个瓶子收集了大量这样的水，但我更愿意用大家面前这瓶现场制取的石灰水来进行实验，从而让大家看清它的用途。把这些清澈的石灰水倒入这个罐子里，罐子里收集了蜡烛燃烧产生的气体，我们很快就能观察到变化。你们看，石灰水变混浊了，这种现象不是仅仅由空气造成的。这是一个盛满空气的瓶子，如果我往瓶子里倒入一点清澈的石灰水，空气中的氧气、氮气和其他成分都无法令石灰水发生任何变化。石灰水仍然是清澈的，少量的石灰水与一定体积的空气在通常状态下摇晃后仍然无法发生变化，可是，如果让这个瓶子里的石灰水与蜡烛燃烧生成的气体接触，没过多久，石灰水就会变混浊。这份混浊的液体是由石灰水中的石灰与蜡烛产物里的某种物质结合生成的，后者正是我们在寻找的物质，也是今天我要给大家介绍的产物，这种物质通过化学反应显现出来。石灰水与氧气、氮气和水本身相遇都不会发生这样的反应，与石灰水进行反应的物质是一种讲到现在我们尚未知晓的蜡烛燃烧的产物。由石灰水和蜡烛燃烧生成的雾气混合而成的这种白色粉末在

⋮

我们看来与白垩很相似，经过检测，它确实和白垩是同一种成分。到目前为止，我们又观察了这一实验展现出的不同情况，我们还对产物中的白垩的来源进行了追溯，从而真正理解蜡烛燃烧的本质。我们发现，如果把一定量的白垩与少量的水放入蒸馏瓶并进行加热，得到的产物与这种来自蜡烛的物质完全相同，二者是同一种物质。

为了确定这种物质的一般性质，还有一种方法可以更好地制取更多产物。我们发现这种物质经常大量出现在意想不到的地方。所有的石灰岩当中都含有大量蜡烛燃烧产生的这种气体，我们称之为碳酸气体[①]。所有的白垩、贝壳和珊瑚里都含有大量的碳酸气体。由于它被固定在这些石头当中，所以又有人将它称为“固定气体”——取“固定在石头当中”之意。之所以将碳酸气体称为“固定气体”，是因为它不再以气体状态存在，而是成了一种固体。我们能轻松地用大理石制得这种气体。这个罐子里盛有少量的盐酸，如果把一根小蜡烛放入罐子里，只能反映出空气的存在。你们看，罐子里的气体全是空气。这种美丽、坚硬的物质叫作大理石，如

① 碳酸气体：二氧化碳。

果我把这块大理石放入罐子里，大理石就会开始冒泡，但那不是蒸汽——它是一种上升的气体。如果现在我把一根蜡烛伸进罐子里，就会发生与之前的实验相同的现象，即把燃烧的蜡烛放在烟筒出风口时的现象——蜡烛熄灭了。这两种相同的现象都是由同一种蜡烛燃烧的产物引起的，我们可以通过这种方式获得大量的碳酸气体——它几乎充满了整个罐子。我们还发现这种气体不仅仅存在于大理石中。我在这个容器内装入了一些普通的白垩，这些白垩被水冲洗过并去除了杂质，泥水匠可以用它来刷墙。这个大罐子里盛有处理过的白垩和水，我还准备了一些浓硫酸，这是我们的实验所必需的（当浓硫酸与石灰岩发生反应时，生成的是不溶性物质，如果用盐酸代替浓硫酸，产生的则是可溶性物质，产物不会发生沉淀而使水变混浊）。至于我为什么要用这套设备来进行实验，大家可以自己找到原因。我之所以使用较大的仪器，是因为我的反应物较多，大家自己进行实验时可以使用较少的反应物与较小的容器，将得到同样的反应结果。这个大罐子中产生的碳酸气体的本质和属性与蜡烛在空气中燃烧生成的碳酸气体完全相同。尽管这两种制取碳酸气体的方式具有很大的差异，但用这两种方式制得的气体对于我们所探讨的

⋮

课题而言是完全相同的。

接下来的实验仍然与这种气体有关。我们想知道它的本质是什么？我准备了一些盛满碳酸气体的容器，我们将通过燃烧反应对其进行研究，就像研究其他气体那样。由于我们十分轻松地在水上收集到大量气体，所以我们并不清楚它在水中的溶解程度。我们知道这种气体接触到石灰水时会发生反应，使石灰水变成乳白色，碳酸气体与石灰发生反应生成了碳酸钙。

此外，我必须为大家指出，这种气体有一小部分溶解在水中，在这一点上，它与氧气和氢气不同。这套装置可以用来制取碳酸气体的溶液。这套装置的下层盛有大理石和酸液，上层盛有冷水，这些阀门可以控制气体的流动。现在我们来开始实验，大家可以看到水里一直在冒出气泡，现在我们发现这种气体溶解在水中。如果我把装置里的水倒入一个玻璃杯里并品尝一下，我的嘴巴会有一种酸麻的感觉，这是因为水中含有碳酸气；如果往这杯水里倒入一点石灰水，便能证明碳酸气体的存在，这杯水会让澄清的石灰水变为混浊的乳白色，这便是碳酸气体存在的证据。

碳酸气体是一种很重的气体——它比空气更重。我在下

1 1 5

⋮

方的表格中列出了它们各自的重量，为了便于对比，我还列出了我们检测过的其他气体的重量：

	格令 / 品脱	盎司 / 立方英尺
氢气	$\frac{3}{4}$	$\frac{1}{12}$
氧气	$11\frac{9}{10}$	$1\frac{1}{3}$
氮气	$10\frac{4}{10}$	$1\frac{1}{6}$
空气	$10\frac{7}{10}$	$1\frac{1}{5}$
碳酸气	$16\frac{1}{3}$	$1\frac{9}{10}$

一品脱碳酸气体的重量为十六又三分之一格令，一立方英尺碳酸气的重量为一又十分之九盎司，接近二盎司。通过之前的实验，我们也能看出这是一种较重的气体。这只玻璃杯里只有空气，如果把装置里生成的碳酸气体少量倒入杯子里，我看不出来碳酸气体是否进入了玻璃杯。我很难通过外表来做出判断，但我可以通过燃烧的蜡烛来进行验证（见图三十一）。你们看，蜡烛放入玻璃杯后马上熄灭了，这说明空杯子里已经被倒入了碳酸气体；如果用石灰水进行验证，

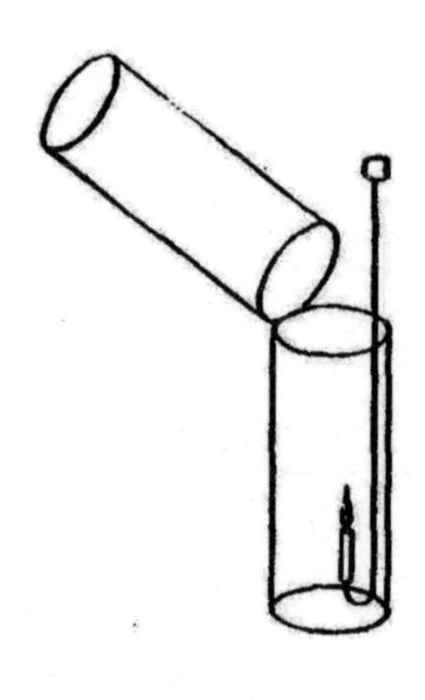

图三十一

也能证明碳酸气体的存在。我可以把这只小吊桶放入碳酸气“井”里——其实我们经常在自然界中发现真正的碳酸气“井”，如果“井”里有碳酸气，小吊桶就能收集到这些气体，我们用小蜡烛来检测一下。看，桶里已经装满了碳酸气。

接下来，我会用另一个实验为大家展示碳酸气体的重量（见图三十二）。我在天平的一端挂了一个罐子，罐子里除了空气什么也没有，现在天平处于平衡状态，然而当我把碳酸气体倒入一边的罐子里时，由于倒入的碳酸气体比空气重，

⋮

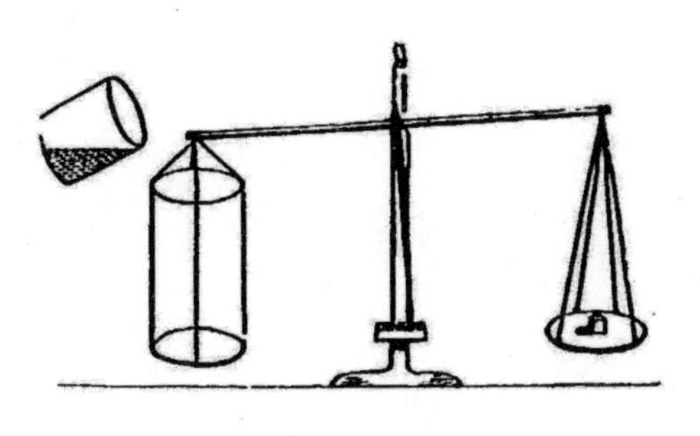

图三十二

罐子立刻下沉了。现在，如果我用点燃的小蜡烛来检测罐子里的气体，不支持燃烧的碳酸气体将使蜡烛熄灭。如果我吹一个内部装满空气的肥皂泡，让它落在盛有碳酸气体的罐子里，肥皂泡会在罐子里飘起来，而不会沉底。由于我不确定碳酸气体的量有多少，所以我先准备了一些充满空气的小气球，我们可以用气球来测试碳酸气体的深度。你们看，这个气球飘浮在盛有碳酸气体的罐子里，如果制取更多碳酸气体，气球会飘到更高的位置。从气球的位置来判断，罐子几乎装满了碳酸气体，现在我要尝试向罐子里吹肥皂泡，让我们看看肥皂泡能否飘浮起来。我吹了一个肥皂泡，让它落入盛有碳酸气体的罐子里，气泡飘浮在罐子中部，由于碳酸气体比空气更重，肥皂泡和气球都飘浮起来了。我们已经

⋮

学习了碳酸气体的相关知识——它由蜡烛燃烧产生，以及它的物理性质与重量，在下一场讲座中，我将为大家讲解碳酸气体的构成和它的元素的来源。

第六讲

碳或木炭

煤气

呼吸及其与蜡烛燃烧的相同点

结论

一位旁听过我讲座的女士送给我两根来自日本的蜡烛，这令我倍感荣幸。我估计它们是由我之前提到过的材料制作而成的。你们看，这两根蜡烛的装饰甚至比法式蜡烛更华丽，从外形来判断，我想这两根蜡烛一定价格不菲。它们拥有十分引人注目的特点——它们是空心的，这个很有价值的特点也是阿尔冈灯的设计特点。如果你们也收到这样一份来自东方的礼物，它的表面也许会在运输过程中变得暗淡无光，可是只要用一块干净的布或丝绸手帕轻轻擦拭并打磨掉表面的褶皱和粗糙，这份礼物便会恢复原本绚丽的色彩。我已经擦拭了其中一根蜡烛，大家可以看到它与另一根没有被擦拭过的蜡烛的区别，另一根蜡烛也可以用同样的方式修复。同时，我们可以观察到这些来自日本的雕花蜡烛比西方的雕花蜡烛更像圆锥形。

在上一场讲座中，我们主要研究了碳酸气体的属性。通过石灰水的实验，我们发现如果用瓶子收集蜡烛和油灯燃烧后生成的气体，并用石灰水进行测试（上场讲座中我已经讲解过石灰水的成分，你们可以自己制作石灰水），石灰水变混浊，这是由碳酸钙引起的，贝壳、珊瑚以及自然界中的许多岩石和矿石中都含有这种成分，但我还没有为大家彻底讲清楚我们从蜡烛中得到的这种碳酸气体的化学史，现在让我们回到正题吧。

我们观察了蜡烛燃烧的产物和它们的性质，我们也追溯了水的组成元素，现在，让我们来研究蜡烛燃烧生成的碳酸气体的组成元素吧。要弄清楚这个问题只需要做几个实验。

我们知道如果蜡烛燃烧不充分就会产生烟雾，而燃烧旺盛的蜡烛并不会散发出烟雾。我们还知道蜡烛的光芒是由点燃的烟雾发出的，一个实验可以证明这一点：只要烟雾停留在蜡烛火焰当中并被点燃，蜡烛便会发出明亮的光芒，我们也不会看到黑色的烟雾颗粒。我在一块海绵上倒了一些松节油，这是一种效果很好的燃料。点燃松节油，我们看到大量的烟雾从海绵表面升入空中。大家还记得吗？我们从蜡烛中得到的碳酸气体正是从这样的烟雾中获得的。为了让实验效果更明显，我要把这块浸泡了松节油的海绵放入盛有大量氧气的烧瓶中，在充足的氧气的帮助下，我们看到黑烟全都被消耗掉了。这是实验的第一部分。从松节油火焰中升起的碳酸气体已经在氧气中燃烧殆尽了，通过这个简陋的临时实验，我们将得出与蜡烛燃烧同样的结果。我之所以用这种方式进行实验，只是为了简化操作步骤，这样只要大家集中注意力，便不会跟不上推理的思路。碳在空气或氧气中燃烧后便会全部转化为碳酸气体，而我们看到的那些没有充分燃烧的颗粒就是缺少氧气助燃的剩余的碳。当空气充足时，它使火焰变得明亮，但如果没有充足的氧气将它消耗掉，碳便会以黑烟的形式散发出来。

我必须给大家详细讲述碳与氧结合产生碳酸气体的过程。我准备了三四个实验用于演示，帮助大家能比之前更好地理解这个问题。这个罐子里装满了氧气，这个坩埚里盛有一些碳，坩埚可以进行加热。为了让实验发出的光更亮一些，我让罐子保持干燥，否则实验结果可能不够完美。这是普通的烧红了的碎炭，大家可以观察它在空气中燃烧的效果。现在，我要让这些炭在氧气中燃烧，我把烧红的碎炭放到充满氧气的罐子里去烧，我们来观察一下两次实验的不同之处。从远处观察，燃烧的炭似乎产生了火苗，实际情况并不是这样的。每一小块炭都伴随光亮燃烧着，却并不产生火焰，并在燃烧中产生碳酸气体。我接下来会通过几个类似的实验一步一步地向大家说明：碳的燃烧是有光无焰的。

为了让大家看得更清楚一些，从而更清楚地观察反应效果，我决定用一大块炭代替大量的碎炭来进行燃烧。这是一罐氧气，我要在这块木炭上绑一小块木头，只需点燃木头，燃烧就会开始，这样实验操作变得更方便了。你们看现在木炭开始燃烧了，但没有产生火焰（即使有火焰，也是微小的火苗，它是由木炭表面产生的少量的一氧化碳燃烧产生的）。你们看，木炭继续燃烧，碳与氧结合缓慢地生成碳酸气体。我还准备了一块树皮，它在燃烧时会爆裂成许多碎片。点燃这块树皮，我们就能把一大块木炭变成许多微小的碳颗粒，其中的每一个颗粒都和完整的树皮一样以碳的方式燃烧，产生光而不会产生火焰。大量的颗粒都在以这种有光无焰的方式燃烧着，我认为这个实验是演示碳的燃烧情况的最佳选择。

碳元素和氧元素就这样结合而成碳酸气体。如果用石灰水来进行检测，就会出现我们在上一场讲座中看到的现象。把 6 份重量的碳（无论是来自蜡烛火焰的碳还是炭粉）与 16 份重量的氧气混合可以制得 22 份重量的碳酸气体，就像我们在上场讲座中看到的那样，22 份重量的碳酸气体与 28 份重量的石灰发生反应生成常见的碳酸钙。如果我们检查一只牡蛎壳的成分并分别进行称重，我们会发现每 50 份牡蛎壳中含有 6 份碳、16 份氧和 28 份石灰，我不想用这些数字来分散大家的注意——现在我们只研究物质的一般原理，还是让我们回到碳的燃烧反应吧。你们看，燃烧着的木炭仿佛溶解在空气中一般，如果我们准备的是纯净的木炭（完全由碳元素构成的木炭并不难找到），便不会得到任何固体残余。纯粹的碳燃烧后不会留下灰烬。碳是一种固体，仅凭燃烧时的热量无法改变它的固体状态，然而它还是转化为了气体，这种气体在通常情况下不会凝结为固态或液态。更奇特的是，碳溶解在氧气中之后，氧气的体积并没有发生变化。氧气变成了碳酸气体，但气体的体积始终不变。

还有一个实验可以让大家进一步了解碳酸气体的一般性质。碳酸气体是由碳元素和氧元素组成的一种化合物，我们可以对它进行分解。我们可以像电解水那样，用一种可以吸收氧的物质来分解碳酸气体，从而把碳分离出来。你们还记得把钾放入水中或冰块里的实验吗？钾会与氧结合，分离出氢。假如我们对碳酸气体进行分解，会发生什么现象呢？我

⋮

们知道碳酸气体是一种比较重的气体。我不准备用石灰水来检测它，因为那会干扰后续的实验结果，我认为碳酸气体的重量和令火焰熄灭的性质足以达到我们的实验目的。我将把点燃的木条伸进碳酸气体中，请大家观察火焰是否熄灭。我们看到火焰熄灭了。我们知道磷的燃烧反应很剧烈，我决定用磷试一试，说不定碳酸气体甚至能让燃烧的磷熄灭。我已经把这块磷加热到了很高的温度，然后把它放入碳酸气体当中。我们看到火光熄灭了，然而，如果把磷取出放在空气里，它又重新开始燃烧了。我决定再用钾试一试，钾在常温下即可与碳酸气体发生反应，钾的表面会迅速生成一层保护膜，致使反应效果达不到我们需要的程度。如果我们在空气中把钾加热至燃点，就像之前用磷进行的实验那样，我们将看到钾可以在碳酸气体中燃烧，并且这种燃烧是钾与氧气发生的反应，我们可以观察到它们生成的产物。接下来，我将在碳酸气体中点燃这块钾。加热片刻后，钾发生了爆炸，有时候我们会遇到这样尴尬的情况，这块钾在燃烧时发生了爆炸。我要取另一块钾重新开始加热，然后放入盛有碳酸气体的罐子里，我们看到钾在碳酸气体中燃烧，但燃烧的程度比在空气中更微弱，因为碳酸气体中含有氧，钾在燃烧时夺走了氧。如果现在我把这块钾放入水中，我们发现除了生成钾碱之外，还产生了大量的碳。虽然这个实验的过程比较粗糙，但我保证如果我们有一整天的时间可以仔细进行操作，也不过是将钾燃烧后所有生成的碳收集起来而已，因此实验结果是可靠的。这些就是从碳酸气体中得到的碳，它是一种看起来普通的黑色物质。由此，我们证明了碳酸气体是由碳和氧化合而成的。同时，我可以告诉大家，碳在通常情况下燃烧时一定会生成碳酸气体。

比如，我把这块木条放入盛有石灰水的瓶子里并尽情摇晃瓶子，石灰水仍然是清澈的；如果我点燃瓶子里的木条，大家当然知道木材燃烧会生成水，该反应会生成碳酸气体吗？请看，碳酸气体发生反应生成了碳酸钙，而碳酸气体一定是由木条、蜡烛等物体中的碳产生的。其实，大家经常做类似的实验，并从实验中观察到了木材中的碳。如果让一根火柴不充分燃烧，火苗熄灭后我们就能得到碳。不过有些东西是无法通过这种方式产生碳的，如蜡烛，尽管蜡烛里含有碳。再如，这是一罐煤气，它能产生大量的碳酸气体，我们暂时看不见固态的碳，但很快就能看到了。我要将它点燃，只要圆罐里还有煤气，燃烧就会继续。虽然我们没有观察到碳的出现，但我们看到了火焰，由于火焰很明亮，从亮度上我们可以断定有碳存在。

我还可以用另一个反应来展示给大家看。我准备了另一个盛有煤气的罐子，里面还混有一种物质，它能与氢发生燃烧反应，但不会与碳发生燃烧反应。我要用一根小蜡烛来点燃这种物质，你们看，氢燃烧起来了，但碳没有燃烧，而是转化为一股浓郁的黑烟。

我希望这几个实验能让大家学会识别碳的存在，并理解煤气等物质彻底燃烧后的产物是什么。

关于碳的课题还没有结束，我们再来看几个关于碳在通常情况下与众不同的燃烧特性的实验。我们已经知道了碳只能以固体的形式燃烧，但我们看到碳在燃烧之后便不再以固体的形式存在，像这样的燃料并不多。实际上，只有数量庞大的碳质燃料——煤、炭和木材具有这样的特性。据我所知，除了碳，没有任何基础物质能以这种形式燃烧。假如情况并非如此，我们的生活会有什么变化吗？如果所有燃料都像铁那样在燃烧后变成另一种固体物质，那么我们就不能用这样的火炉来烧火了。这里还有一种燃料，它的燃烧效果不逊于碳，当它暴露在空气中时便会燃烧，正如大家所见，这种物质就是铅，大家可以看到它很容易燃烧。这块铅分裂为许多碎片，就像火炉里的一堆煤炭，空气可以接触到这块铅的表面和内部，于是它燃烧起来了。可是当它聚成一堆时，为什么不再燃烧了呢？这只是因为空气无法与它充分接触了。尽管引火铅能产生大量的热，这些热量却被禁锢在内部未燃烧的引火铅里，内部的引火铅无法与空气接触，因此不能燃烧，也不能为我们提供取暖和烧水所需的热量。这与碳的燃烧大不相同。碳的燃烧方式与铅不一样，碳可以在火炉里或任何我们需要的地方发生剧烈的燃烧，随后，燃烧的产物消散在空气中，余下的碳可以继续燃烧。我给大家演示过碳是怎样“溶解”在空气中而不留下灰烬的，然而这堆引火铅留下的灰烬比燃料更多，多出来的是与之结合的氧。这样一来我们便可看出碳与铅的不同，如果碳在燃烧时产生固体物质，那么整个房间都会充满一种不透明的物质，就像我们用磷进行实验时那样，而碳在燃烧时，生成的产物全部进入了空气中。碳在燃烧之前处于一种固定的、几乎不变的状态，在燃烧后却成为气体，并且很难变成固体或液体。

我们马上就要讲到非常有趣的部分了——蜡烛的燃烧与发生在我们体内的生物燃烧反应之间的关系。其实，我们每

⋮

个人的身体里都在发生燃烧反应，这与蜡烛的燃烧很像，让我来为大家解释清楚吧。人类的生命与蜡烛之间的关系不仅仅是一种诗意的比喻，如果大家愿意听，我可以将它解释清楚。为了让这种关系变得更直观，我设计了一套装置，我们马上就能把它搭好（见图三十三）。我在这块木板上刻了一条凹槽，这条凹槽可以用盖子盖住，凹槽的两端可以连接玻璃管，从而形成一条完整的通道，两个玻璃管与凹槽之间是畅通无阻的。如果我把一根蜡烛放在其中一个玻璃管内，大家看到它燃烧得很旺。蜡烛燃烧所需的空气沿着空玻璃管向下经过水平的凹槽到达放有蜡烛的玻璃管内。如果我堵住空气进入的管口，燃烧便停止了，切断氧气供给后，蜡烛就熄灭了。大家对这一事实有什么看法呢？在之前的实验里，我

图三十三

⋮

们看到了空气从一根燃烧的蜡烛流向另一根蜡烛，如果我把一根蜡烛燃烧产生的气体通过某种复杂的方式送入这根玻璃管内，那么管内燃烧的蜡烛便会熄灭。可是，如果我告诉大家我呼出的气体可以让蜡烛熄灭，大家会有什么感想呢？我指的不是把蜡烛吹灭，而是我呼出的气体不支持蜡烛的燃烧。现在，我要用嘴巴堵住管口，在不把蜡烛吹灭的前提下，阻止外界空气进入，只让我呼出的气体进入玻璃管内。请大家观察结果。我没有把蜡烛吹灭，只是让呼出的气体进入了玻璃管内，结果烛火熄灭了，这是因为缺少氧气，而非由其他原因引起。某种东西——我的肺——消耗掉了空气中的氧气，导致蜡烛的燃烧缺少氧气的支持。我认为有必要观察呼出的气体经过通道接触到蜡烛所需要的时间。蜡烛一开始仍在燃烧，经过一段时间后，只要呼出的气体接触到蜡烛，它便熄灭了。现在，我们再来看另一个实验，这个实验对我们这场讲题有重要意义。这个瓶子里盛有新鲜的空气（见图三十四），这一点可以用点燃的蜡烛或瓦斯灯进行验证，瓶口的木塞上连接着一根吸管，一开始吸管是堵住的，现在我含住吸管吸气，由于吸管位于水面之上，我可以把瓶内的空气吸入肺里，再把肺里的空气吹进瓶内。然后，我们

图三十四

来检查一下瓶内的气体，看看结果如何。大家看到我先吸入了空气，再把空气呼出，这一点可以从水面高度的升降来判断。现在，把一根小蜡烛伸进瓶内的空气里，我们就能从熄灭的烛火判断出空气的状态。我只进行了一次吸气和呼气，瓶内的空气就全被破坏了，无法继续支持燃烧，我甚至不需要进行第二次尝试。所以，我们明白了某些住宅的许多设计是不合理的，由于通风情况较差，室内的空气被反复吸进和呼出，导致房间内氧气供应不良，合理的通风有利于我们的身体健康。

图三十五

为了进一步研究这个问题，我们再用石灰水来看看变化（见图三十五）。这个球形玻璃瓶内盛有少量石灰水，瓶塞处插有两根玻璃管，使得瓶内的空气可与外界相通，并使我们得以确定通过玻璃管吸气或呼气所产生的效果。当然，我可以从管 A 吸气，让瓶内的空气进入肺里，也可以从直通到瓶底的管 B 呼气，让肺里的空气进入石灰水中。大家可以观察到，无论外界空气与石灰水接触多长时间，石灰水都没有任何变化——外界空气无法令石灰水变混浊。如果我把肺里的空气吹进石灰水里，重复几次呼气之后，石灰水就变成了乳白色，这就是呼出的气体的效果。通过呼出的气体与石灰水的接触，我们知道了我们呼出的气体里含有碳酸气体。

图三十六

我们还可以用另一个实验来证明，我准备了两个瓶子（见图三十六），一个盛有石灰水，另一个盛有清水，一些玻璃管连接着两个瓶子，并分别与外界相通。虽然这套仪器比较粗糙，但它仍能发挥作用。如果我从这里吸气再向这里呼气（管道的设计可以防止空气回流），我吸入的空气进入口腔和肺部再呼出到石灰水里，这样我便可以连续地呼吸，从而完成一个十分精妙的实验并得到良好的结果。大家看到与未经呼吸的空气接触的石灰水没有发生变化，而另一瓶石灰水接触到我呼出的气体，却变混浊了。

⋮

现在，让我们进一步研究这个问题。我们体内每日每夜进行着的必不可少的反应究竟是什么？造物主为所有人安排好的这一流程是独立于人的意志之外的，我们可以屏住呼吸一段时间，但时间太久我们便会死亡。当我们在睡觉时，呼吸器官和与之相关的部位仍然在工作——呼吸这一肺与空气的接触过程对我们而言是至关重要的。我要用最简明的方式为大家讲解呼吸的流程。我们摄入的食物在体内经过运输被送往消化器官，消化后的产物经过血管进入肺部，我们吸进与呼出的空气也经过其他血管进出肺部，空气与食物挨在一起，中间只隔了一层薄膜，于是空气可以与血液发生反应，并得到与蜡烛燃烧完全相同的结果。蜡烛与空气中的氧结合，形成碳酸气体并散发出热量。在肺部也同样发生着这种奇妙的反应，空气进入肺里，与碳结合（不是自由状态的碳，这种状态下的碳可以随时发生反应），产生碳酸气体，然后被呼出体外，因此，我们可以把食物看作身体的燃料。让我们以这块糖为例，看看它的成分就能明白了。它是碳、氢、氧的化合物，与蜡烛的成分类似，二者含有相同的元素，尽管比例不同。糖的成分比见下：

1　3　6

⋮

碳……72

氢……11 ⎫
　　　　 ⎬ 99
氧……88 ⎭

这是一件很奇妙的事情，我们记得很清楚，糖里含有的氧和氢与水中的含量比例竟然一致，所以我们可以说这种糖是由72份碳和99份水形成的，糖里含有的碳与我们通过呼吸作用吸入的空气里的氧结合——我们的身体就像蜡烛一样——产生了这些反应，制造出热量和比这更奇妙的产物，这个美丽而又简单的过程供给了人体的需求。还有更令人惊讶的呢。为了加快反应，我会用糖浆进行反应，其中含有四分之三的糖和少量的水。向糖浆里加入一点浓硫酸，它可以带走水分并让碳变成黑色。现在，我们看到碳被提取出来了，过一会儿我们就能得到一块固态的炭，它这块炭完全是从糖中制取的。我们知道糖是一种食物，可我们却能从中提取出一整块炭。如果我们设法令糖里的碳被氧化，我们将得到更惊人的结果。让我们来试试看吧！我准备了一种比空气更有效率的氧化剂，我们将用一种与呼吸作用不同的形式让这些糖产生氧化反应。糖里含有的碳与人体提供的氧接触发生燃烧反应，如果现在立即开始反应，我们将看到由此产生的燃烧，发生在我的肺部的反应——从外界，即大气中吸入氧气——正在这里以一种更迅速的方式进行着。

如果我把碳的反应进行量化，你们一定会大吃一惊。一根蜡烛可以燃烧 4 ~ 7 个小时，一个人每天要呼吸 24 个小时。那么，每天以碳酸气体的形式进入空气中的碳的量将有多么庞大啊！我们每个人经过呼吸作用排出的碳的量得有多大！在这些燃烧反应和呼吸作用里，碳经历了怎样奇妙的变化！一个人在 24 小时内能把 7 盎司的碳转化为碳酸气体，一头奶牛可以转化 70 盎司的碳，一匹马可以转化 79 盎司的碳，这些转化反应都是仅靠呼吸作用完成的。也就是说，一匹马在 24 小时内可以通过呼吸作用燃烧 79 盎司的碳来供给自身在一天之内生理活动所需的热量。所有的热血动物都是通过这种方式来获得热量的，它们转化的碳并不是处于自由状态的碳，而是化合物当中的碳。这给我们带来了关于大气环境当中的变化的启示。仅在伦敦，每天就有 500 万磅（548 吨）碳酸气体通过呼吸作用被释放出来，它们去了哪里呢？当然是升入了大气。如果碳在燃烧时像我们所见到的铅和铁那样生成一种固体，那么会发生什么事呢？燃烧便不会继续。碳在燃烧时变成气体进入大气，随即被大气带往其他地方，接下来它会经历什么呢？让人感到奇妙的是，呼吸作用产生的碳酸气体对我们而言是有害的（因为我们不能在这样的气体里呼吸），但这种气体为地球表面的植物的生长提供了支持。水中也进行着呼吸作用，鱼和其他水生生物虽然不与空气直接接触，却与陆地生物一样进行着呼吸。

我们面前的这个鱼缸里有几条小鱼，它们能从溶解在水里的空气中吸取氧气并生成碳酸气体，它们的共同任务就是让动物界与植物界协同合作，相互依存。地球表面生长的所有植物都能吸收空气中的碳。它们的叶子通过吸收大气中以碳酸气体形式存在的碳，从而茁壮成长并开花结果。植物只有在含有碳和其他杂质的空气当中才能快活地生长。对我们有害的物质，却是对植物有益的。因此，我们的生存不仅依赖于其他人，也依赖于其他动植物，大自然当中的一切都被自然法则联系在一起，彼此互助共存。

在本场讲座结束之前，我还必须提到另一个小问题，这个问题与这些实验都有关系，它与我们研究过的物质——不同状态下的氧、氢和碳密切相关。刚才我给大家演示过铅粉

1 3 9

⋮

的燃烧[1]，当我们看到引火铅的瓶子被打碎时，铅粉被从瓶子里倒出来，在它接触空气的一瞬间便发生了燃烧反应。这就是一种化学亲和力，我们观察到的一切反应都是依赖它而进行的。我们在呼吸时，我们的体内也在发生着同样的反应。当我们点燃一根蜡烛时，不同部分之间的吸引、亲和也在发挥作用。引火铅的燃烧就是化学亲和力的一个很好的例子。如果燃烧产物从表面升起，铅就会起火并一直燃烧至最后。我们还记得碳和铅的不同——铅只要接触到空气便能立即发生反应，碳在空气中却能保持几天、几周、几个月甚至几年而不产生变化。人们在赫库兰尼姆古城[2]发现的手稿是用碳素墨水写成的，它们拥有 1800 年以上的历史，虽然它们多次被暴露在空气中，却完全没有发生任何变化。从这个角度来看，铅和碳的差别产生的原因是什么呢？一种被用作燃料的物质竟然会拖延燃烧反应开始的时间，这看起来很不可思

---

① 对玻璃管（一端封闭，另一端延伸至一定角度）内的干燥的酒石酸铅进行加热，直到不再产生气体，即可制得引火铅，随后用吹风管将玻璃管敞开的一端密封起来，当玻璃管被打破时，内容物接触到空气，便会燃烧并发出红色的火焰。

② 赫库兰尼姆古城（Herculaneum）：位于意大利坎佩尼亚大区，公元79年毁于火山爆发。

⋮

议。碳与铅和我们观察过的其他可燃物不同，它不会立即开始燃烧，而是会延缓反应开始的时间，这样的拖延是一种奇特的现象。蜡烛——以这些日式蜡烛为例，它们也不会像铅或铁（铁粉和铅粉燃烧的效果相同）那样立即发生反应，碳在几年甚至几百年里都不会发生变化。我准备了一罐煤气，这个喷嘴正在喷出煤气，但它并没有燃烧——煤气进入空气当中，只有温度达到一定程度后，煤气才会燃烧。如果将煤气加热至一定程度，它便会起火。把火熄灭后，需要再次将喷嘴点燃，煤气才会重新开始燃烧。不同的物质发生燃烧的条件不一样，一些物质在温度升高一点后便会燃烧，另一些只有在温度达到很高时才会燃烧。我准备的这少许火药和几块火药棉，就连它们的燃烧条件也不一样。火药由碳和其他物质组成，这使得它极易燃烧，火药棉也是一种易燃物。它们都在等待燃烧反应开始，但它们将在达到不同的温度后在不同的条件下发生反应。我们用一根加热后的铁丝与二者接触，便能看到哪个会先开始燃烧，大家看到火药棉已经烧光了，可是铁丝最热的部分也不足以令火药燃烧。这个实验清楚地展示了物质在反应条件上的差异。在有些情况下，物质在被足够的热量激活反应之前会一直处于等待状态，而在另

⋮

一些情况下，反应的开始并不需要等待时机，如呼吸反应。空气一进入肺部便与碳结合，即使在人体能承受的最低温度下，呼吸作用也会立即开始进行并生成碳酸气体，一切生命活动得以井然有序地进行。呼吸作用与燃烧反应的相似性被渲染得更加美妙和新奇。

在这些讲座的最后（我们总归要说再见的），我只有一个愿望，那就是你们这代人可以成为像蜡烛一样的人才，我希望你们会喜欢上蜡烛，并像蜡烛一样照亮身边的人，我希望你们所做的一切都能不辜负烛光的美丽，愿你们能在光荣与有意义的事业中履行对同胞的责任。

1　4　2

⋮

铂金的故事

（1861 年 2 月 22 日，星期五，于英国皇家科学研究所）

今晚我能有幸出现在大家面前，原本取决于两个条件，其中一个我马上就会讲到，至于另一个，也许我会在讲座过程中提到，也许不会。第一个条件是，我之所以答应今晚为大家讲解这一课题，是因为一位朋友的承诺，他就是来自巴黎的德维尔[1]，他答应我会来这里给大家展示一个冶金学领域的罕见现象。我很遗憾他无法履行约定，他原本计划现场

---

① 圣－克莱尔·德维尔（Sainte-Claire Deville，1818—1881）：法国化学家。

熔炼三四十磅铂金，并结合我的口头阐述来演示关于这种美丽、高贵、价值连城的金属在冶金学上一个新工艺流程的原理，然而，由于我们都无法控制的一些情况，他不能按照预定计划来参加讲座了。我是在不久前得知这一消息的，我既不能离开工作岗位去寻找接替者，也不能让好心前来的各位听众失望而归。因此，我想用简单的图画和实验的形式来为大家演示德维尔先生的原理。

桌子上摆放着一些铂的样品，自从人类发现这种金属后已经过去一百年了。铂金锻造技术在英国、法国和世界各地都得到了发展，顾客可以购买到像这样的铂金锭，或者像这样的铂金盘。我们可以通过铂金掉落在桌子上的声音来判断出这是一种很重的物质，实际上，铂的重量在所有物质当中几乎独占鳌头。铂的制取主要是通过许多听众熟知的沃拉斯顿[①]博士的方法进行的，通过这种方法得到的铂的纯度和亮度都很高。除了众所周知的特殊用途，从很多方面来看铂都是一种非凡的金属。铂通常以颗粒的形式出现，这是一些质量极佳的天然铂金颗粒。这是一块铂金锭，可能是由从巴

---

① 威廉·海德·沃拉斯顿（William Hyde Wollaston，1766—1828）：英国化学家和物理学家，研究出铂的锻打和浇铸加工方法。

144

⋮

西、墨西哥、美国和俄罗斯的冲积土[1]里收集的一些小块铂金锻造而成的。

奇怪的是，这种金属几乎总是与其他四五种金属一起被发现，它们的性质与特点各不相同。这些金属被称为含铂金属，它们不仅总是与铂一起被发现，而且彼此之间还有其他奇妙的联系。铂这种物质一直是天然的——它总是处于金属状态，与它一起被发现的金属在其他场合是很罕见的，这些金属就是钯、铑、铱、锇和钌。钯和铱之间存在奇妙的联系，它们十分相似，我们很难把它们区分开来，尽管钯的比重只有铱的一半，它的等效功率也只有铱的一半。铱与铑、锇与钌也是如此，它们紧密联系在一起，甚至结成了对子，从各自的组里分离出来。这些金属是我们发现的金属当中最难熔的。锇是最难熔化的，我相信从未有人成功将其熔化过，而其他金属都可以被熔化。第二难熔的是钌，第三是铱，第四是铑，第五是铂（铂在这些金属当中较易熔化，而我们早已习惯把铂当作一种难熔的金属来看待），第六是钯，它是这六种金属当中最易熔的。这些在自然界中被归为一类

① 冲积土（alluvial soil）：河流两岸基岩及上部覆盖的松散物质被河水剥蚀后搬运、沉积在河床较平缓地带形成的沉积物。

⋮

的金属在物理性质上也有着奇妙的联系，这与它们在地球表面的分布环境的相似性质有关，因为它们都是在冲积土中被发现的。

接下来，让我简单地讲讲我们是如何获得这种物质的。以前的提取过程是这样的：矿石被开采出来后，被浸泡在一定浓度的王水里，一部分矿石溶解在溶液中，剩下的物质就是我放在桌上的这些。铂溶解在酸液里之后，向溶液中加入氯化铵，过滤掉黄色的沉淀物后，仔细地清洗剩余物质，我们便得到了氯化铂和氯化铵，其他物质几乎全被过滤掉了。我们把这些物质加热后便得到了海绵铂，它是金属状态的铂，精细的粉末聚集在一起形成一个海绵状的整体，沃拉斯顿博士最早提取出海绵铂时，这种物质由于很难熔化而无法投入市场或由工匠进行加工，锻造铂所需的温度过高，现有的熔炉无法将其熔化成液滴状，只能使各个部分粘连在一起。我们从自然中获得并进行加工的大部分金属都是通过熔接来塑形的。据我所知，在技术和科学领域，除了铁之外的金属都是这样的。软铁不是熔接而成的，而是由与铂的提炼相似的过程制得的，换言之，它们都是焊接而成的。海绵铂里的颗粒经过充分水洗以排出空气，随后经过压紧、加热、

⋮

捶打，再次压紧，直到形成一块紧密、坚实的整体。当整块的海绵铂被放进烧炭的火炉里并加热至高温后，原本在化学上被无限分割的颗粒相互连接在一起，直到形成我们看见的这块物质，可以承受任何类型的滚压和扩张。迄今为止，这是唯一通过溶解、沉淀、加热和焊接从微粒中制取海绵铂的流程。有趣的是，这一流程完全依赖于各种反应物的性质，通过这样的处理，我们能得到这样一种可以用轧机进行切割和延展的材料——一种最优质的材料，它的各个部分紧密结合在一起，没有间隙也没有孔洞，这种材料的连续性很强，液体无法从其中通过。正如沃拉斯顿博士演示过的那样，用电池组和氢氧吹管熔化的一滴铂被制成一根铂丝后，它的质量和硬度都比不上通过粒子在高温下聚合的方式制成的铂丝，这是约翰逊先生和马泰先生采用的一种工艺，我很感谢他们善意提供了这些铂金锭并为我的演示提供了宝贵的帮助。

不过，我要为大家介绍的是另一种流程，我希望不久之后我们就能通过这种方式来生产铂金，因此我才来到大家面前为大家介绍德维尔在这一领域的研究进展，并为大家演示他的工艺流程原理。我认为应该通过一个实验来让大家亲眼观察铂粒子粘连的过程。大家可能都熟悉铁的焊接，我们走进铁匠铺，看到铁匠拿着拨火棍在高温下进行一番操作后，焊接便完成了。你们一定见过铁匠把铁放入火里并撒上一点沙子，当铁匠在氧化铁上撒沙子时，他并不了解其中的原理，但其中确实存在一定的道理，铁匠进行焊接时便是在实践这种原理。我可以为大家演示粒子粘连为最紧密整体的美妙过程。走进马泰先生的工作坊，我们会看见手拿锤子忙于焊接的工人，大家能在那里看到我即将演示的实验的价值。我准备了一些铂丝。铂这种金属可以抵抗酸的侵蚀、高温下的氧化反应以及各种变化，因此，我可以在空气中加热它而不引起任何变化。我通过弯曲铂丝使它们的两端交叉，我能用吹管对其进行加热，然后，我可以通过捶打把它们变成一整块铂。现在铂丝已经结合在一起，变得很难分开了，尽管它们连接的位置只有两个圆柱形表面的相接处。现在，我已经成功地把铂丝分开了，断离的位置不在焊接处，而是在钳子作用的地方，因此，我们进行的连接是完整的。这就是过去制造和生产铂金的原理。

德维尔采用的流程是在俄罗斯的制铂方法基础上进行的改良，整个制铂过程基本都是通过加热完成的，几乎不借助

1　4　8

⋮

酸液的帮助。下方列出了刚才大家看到的铂矿石的成分，无论这块矿石是从哪里开采出来的，它的成分都是如此复杂，只是比例有所差异：

成分	含量
铂	76.4
铱	4.3
铑	0.3
钯	1.4
金	0.4
铜	4.1
铁	11.7
铱锇矿	0.5
沙子	1.4
	100.5

这是一块来自乌拉尔的矿石。在上面所示的组成状态下，铱和锇以晶体的形式结合在一起，有时它们的含量为0.5%，有时可达到3% 至 4%。德维尔没有用酸液来处理这块矿石，而是在干燥的状态下进行处理。

我还准备了另一种铂，我之所以把它展示给大家看是有

1　4　9

⋮

原因的。俄罗斯境内拥有大量的铂金储备，俄罗斯政府把金属状态的铂做成了硬币。我手中的硬币是价值十二卢布的银币。一卢布价值三先令[1]，所以这枚硬币值三十六先令。这枚小一些的硬币价值是它的一半，另一枚的价值是这枚小一些硬币的一半。然而，铂这种金属不适用于造币。如果使用金和银两种金属造币，那么这两种货币的市场价值容易发生混淆，可是如果使用三种贵金属（我们可以把铂视为一种贵金属）造币，它们便一定会互相排斥。实际也发生了这样的情况，由于政府制定的铂金币价值很高，甚至有人从国外购买铂金并制成硬币，然后在本国流通，最终俄罗斯政府终止了铂金币的发行。这枚硬币的成分是——铂，97.0；铱，1.2；铑，0.5；钯，0.25；少量的铜和少量的铁。这样的铂合金质量其实较差，它的形状会发生改变，不适合商业使用，也不适合实验室研究，其他纯净的铂则没有这些缺点。这枚硬币需要重铸。

德维尔的工艺流程取决于三个关键点——高温、吹制和某些金属的挥发性。我们知道许多金属都有挥发性，但我认

---

① 先令：英国1971年以前的货币单位，一先令合十二旧便士，二十先令合一英镑。

⋮

为这是人们第一次利用某些金属——如金和钯——的挥发性来对它们进行分离，从而得到剩余物质。我们习惯于把德维尔利用的挥发性金属视为不可挥发的，我必须用几个实验来描述这三个关键点。也许我能用这个热源来为大家展示加热铂的过程中所需要的热量，这个热源几乎是无限的——它就是电池组，电池仅通过热量对铂产生影响。我们把电池的两极接在这根铂丝上，然后我们就能看到结果。我们可以把这个热源放在任何地方，按照我们的意图对其进行操作，并根据需要对其加以限制。我必须仔细进行操作，即便如此，观察这一实验对大家仍然是有益处的。现在连接完成了，电流被压缩在很细的导电线里并产生电阻，从而散发出大量的热，这就是我们制造的热源。我们看到铂丝立刻发出强光，如果继续供热，电流会使铂丝熔化。切断连接后，铂丝就恢复了原来的外形；铂丝与电源的连接恢复后，我们又看到了强光。我们看见了一道光束，却很难看到铂丝本身了。它在极高的温度下熔化了，只要检查这根铂丝，我们便会看到它从一端到另一端都呈现不规则状态——一系列小球悬挂在一根铂金轴线上。格鲁夫先生形容这条铂丝是在整体的熔接开始时形成的。如果我把一块较厚的铂金用

⋮

同样的方式加热，我们将看到精彩的实验效果。我必须戴上防护眼镜，因为实验中产生的电火花可能对眼睛造成伤害。让任何身体器官遭遇不必要的危险，既无必要，也并非勇敢之举。我希望我的眼睛在讲座结束之前可以保持完好无损。

现在，我们看到了铂金块在高温下产生的反应——熔化的金属滴在盘子上，这种高温甚至能让盘子碎裂。由此，我们得知自然界中存在足够强大的热源可以令铂发生反应。我准备的这套仪器可以产生同样的效果。电池的一极连有一个碳制坩埚，把一块铂放入坩埚里并通电，我们就能看到铂发出强烈的光芒，这就是我们的熔炉，铂的温度正在迅速升高，现在我们看到它熔化了，变成了许多小颗粒。这是一套十分复杂的仪器。碳制坩埚里剩下的便是反应的产物，我们看到了一块熔接得很好的铂。这块铂像一个小火球，它的表面是如此明亮、光滑并具有反射性，我甚至看不出它究竟是透明的还是不透明的。这个实验可以让大家产生一定的概念，那些声称可以一次性处理三十、四十或五十磅铂的流程究竟需要多少热量。

接下来，我将简要地为大家讲解德维尔是怎么做的。首

⋮

先，他把这块不纯的矿石与同等重量的硫化铅混合在一起（他发现这么做是最好的选择）。铅和硫都是必不可少的，我们知道矿石里存在少量的铁，由于铁不易挥发，它是最难处理的杂质之一，只要铁和铂还混合在一起，铂就很难顺畅地流动。铁在高温下可以被分离出来——挥发到大气中，从而与铂分开。那么，我们把 100 份铂矿石、100 份硫化铅和约 50 份金属铅混合放入坩埚中，硫化物中的硫带走了铁、铜和一部分其他金属与杂质，与它们结合而成为矿渣，随着反应物的沸腾，氧化反应继续进行，硫带走了铁，一次大的净化完成了。

现在，我们知道了铂、铱和钯等金属与铅和锡等金属之间具有较强的亲和性，很多反应都是基于这一性质而发生的，通过与反应物中的铅的接触，铂矿石排除了铁和其他杂质。为了让大家对铂与其他金属之间的亲和性有一定的概念，我给大家讲讲这位化学家本人的经历吧——不过是糟糕的经历。他很清楚如果把一片铂箔和一片铅放在一起加热，或者把含有铅的物质放在铂箔上并进行加热，那么铂就会受到破坏。我这里有一片铂，如果我把一小块铅放在铂片上并用酒精灯加热，铂片上将出现一个洞。酒精灯本身的热量不会对铂片造成破坏，其他化学方法也不能，可是因为有了少量铅的存在，两种物质之间产生了亲和力，于是它们立刻熔接在一起。大家可以看到我在铂片上制造出的洞，这个洞大到可以让手指从中穿过，而我们知道铂自身是极难熔化的，除非在电池组的作用下。为了让实验效果更显著，我把铂箔、锡箔和铅箔卷在一起，然后使用吹管对它们进行吹制，我们将看到比刚才的实验规模更大的效果，铅对铂产生了破坏。当这几种金属被叠加在一起时，不仅铂金会遭到破坏，而且铂和铅在结合时会被点燃并发生持续的燃烧反应。为了让大家观察到更大规模的反应现象，我选择了一块较大的铂。大家可以看到铂被点燃并且随即发生了爆炸，这种结果是由铂和与之结合的金属之间的亲和性产生的，德维尔最初得到的结论正是建立在这种亲和性之上的。

他把这些物质熔化并充分搅拌，得到了完整的混合物后，向混合物的表面充入空气，从而使剩余的硫化铅中的硫通过燃烧反应被消耗掉，最终他得到了一块含有铂的铅锭——相比之下，铅的含量较多，铂的含量很少。他在坩埚里制得了大量的金属渣和其他物质，随后他对这些物质做了进一步处理。接下来我们需要处理的是含有铂的铅锭。让我

1 5 4

⋮

告诉大家德维尔是怎么做的吧。他的首要目标是除去铅，他已经除掉了所有的铁和大量的其他杂质，得到了桌上的这种混合物，他制取的这种物质里铂的含量可以高达 78%，铅的含量为 22%，有时铂的含量分别为 5%、10% 和 15%，与之对应的铅的含量则为 95%、90% 和 85%（他称之为弱铂）。然后，他把得到的物质放进大家面前的这个容器内（见图三十七）。假如我们也把混合物放进容器中，我们必须给混合物加热，然后向表面充入空气。可燃金属——也就是铅——以及可以氧化的部分将发生彻底的氧化反应，熔化后的一氧化铅将流入用来收集它的容器里，剩下的物质就是铂。

图三十七

1　5　5

⋮

这就是德维尔从矿石中提取出铂与铅的混合物后，用来除去铅的流程（这位朋友的任务完成了，我们可以忘掉他了）。他通过氧和氢或碳素燃料的燃烧产生的火焰来获取热源。在这里，我准备了煤气、氢气和氧气，我还准备了德维尔在我刚才讲到的制取铂的流程中使用过的吹管（见图三十八）。这里有两条管道，一条连接着煤气来源，另一条连接着氧气来源，我们把二者混合便得到了可以熔化铂的热源。也许大家很难想象火焰的温度有多高，除非我们得到足够的证据，但大家很快就能看到这种火焰可以使铂熔化。把这片铂箔放在火焰上，铂像蜡一样熔化了。然而，问题在于

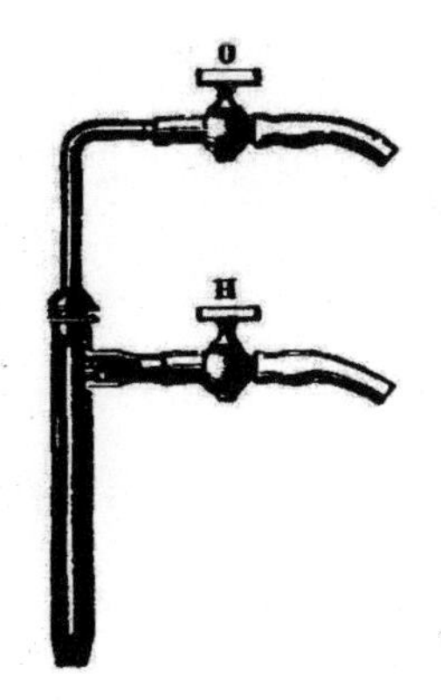

图三十八

⋮

我们是否能获得足够的热源来熔化大量的铂——不是一小片铂箔，而是成磅的铂。我们通过这种方式得到热源后，下一个需要考虑的问题是用什么容器来盛放温度极高的铂，换言之，它必须能承受火焰的高温。这样的容器在巴黎拥有充足的供应，它是由巴黎周围盛产的一种物质制成的，属于白垩的一种（法国的地质学家称之为“粗石灰石”），能承受极高的温度。现在，我要让温度达到最高。首先，我让氢气单独燃烧。我准备的氢气不多，因为煤气足以达到我们要求的效果。如果我把从这种白垩中得到的一片石灰放入氢气中，火焰的温度就会升高，我的手指会感到很烫。现在，我要把一片石灰放入氧气和氢气的混合气体里，这样做的目的是为大家展示石灰作为制造火炉和实验容器的材料价值，用石灰制成的容器来盛放的反应物可以在极高的温度下进行操作。氢气和氧气反应后将释放出化学反应当中最强烈的热量，如果我把一片石灰投入火焰里，我们便制作出了所谓的聚光灯。虽然我们看到了灿烂夺目的反应效果，然而除了石灰表面的一些聚合得不够紧密的粒子在气流的冲击力下被带走之外，石灰没有受到任何破坏。有人称之为“石灰蒸汽”，也许确

⋮

实如此，在高温造成的极度活跃的化学状态下，几乎所有其他物质都会瞬间熔化，石灰却没有发生改变。

下面，我们来看看反应物是如何被加热的。我可以取一块锑，用吹管的火焰将它熔化。如果我尝试把它放在普通的酒精灯火焰上，什么事也不会发生，即使换用更小的锑块，效果也微乎其微，继续换用更小的锑块，结果依然如此。可是通过使用吹管，我得到了被德维尔发挥至更高程度的实验条件。如果我只是把锑块放在点燃的蜡烛上，蜡烛火焰无法将它熔化，但只要时间够长，我们甚至可以用蜡烛的火焰熔化铂。这个实验可以证明铂在普通蜡烛火焰下的熔度。这是由沃拉斯顿博士独创的工艺制成的一根铂丝，它的直径不超过千分之三英寸。他把这根铂丝放在一个银制的圆筒中央，并将二者熔合为一个极其轻薄的混合物，然后他用硝酸溶解了银，最终剩下的是一种即使我戴上眼镜也很难看清的物质，但我知道它是存在的，并且我有办法让它现形，只需把它放在蜡烛上，烛火的热度就能让它像火花一般闪闪发光。我在楼上自己的房间里反复尝试这个实验，并轻松地用一根普通的蜡烛熔化了这根铂丝。蜡烛和电池组、剧烈燃烧的吹管一样能够提供足够的热量，但我们无法用它提供连续的热量。当蜡烛被点燃时，热能迅速产生辐射，除非经过小心处理，否则无法聚集产生足以熔化铂丝的热量。因此仅仅把锑放在烛火上，锑并不会熔化，可是如果把它放在炭火上，并把热流导向它，那么产生的热量足以使锑熔化。吹管的美妙之处在于它能使热空气（通过火焰的燃烧产生热空气）作用于被加热的物体上，我只需把锑放在气流中，气流一点一点撞击着锑，直至使它熔化。我们看到锑已经呈红热状态，如果我将它从火焰中取出并继续用吹管向它吹气，我相信它一定会继续燃烧。现在，我正在向锑吹气，锑仅凭自身燃烧散发出的热来维持燃烧，如果热气流被移开，燃烧很快便会终止，然而此刻它仍在燃烧着，通过各种方式流经它的热气流越多，燃烧越旺盛。因此，我们不仅获得了强大的热源，而且拥有让热量强有力地作用于物体的方式。

接下来，我将用一块铁为大家展示另一个实验。实验有两个目的：一是为大家展示吹管作为热源所发挥的作用；二是展示吹管把热量输送到需要的地方这一功能的作用。为了让大家看到反应的不同之处并对实验产生更浓厚的兴趣，我

159

⋮

会用铁和银或其他金属做对比。我们用煤气和氧气作为燃料，用准备好的热源对铁进行加热，我们看到铁很快变成炽热状。铁像熔化的水银一般呈液滴状并开始流动。大家请看，我没有制造出任何蒸汽，铁的表面覆盖着一层熔化的氧化物，除非我的吹管能产生更大的能量，否则这层氧化膜很难被破坏。现在，我们看到了美丽的火花，不仅燃烧的过程很美，我们还看到了铁正在以稳定的状态进行燃烧并被消耗掉，这一过程中没有产生烟雾。这个反应与其他金属的反应是多么不同啊——譬如我们刚才观察到锑在燃烧时散发出大量的烟。当然，我们可以提供充足的空气并让铁在燃烧中被消耗掉，但德维尔没有采用这种方式，他认为热气流本身必须有足够的力量去除金属表面的炉渣，气流的冲击力必须强大到能与铂进行充分接触，从而使铂熔化。他采取的方法是用氧气与煤气、水煤气[①]或纯净的氢气燃烧产生热量，并用吹管把热气流导向金属表面。

---

① 水蒸气从炽热的木炭或焦炭的表面经过后即可生成水煤气。它是氢气和一氧化碳的混合物，这两种成分皆为易燃气体。

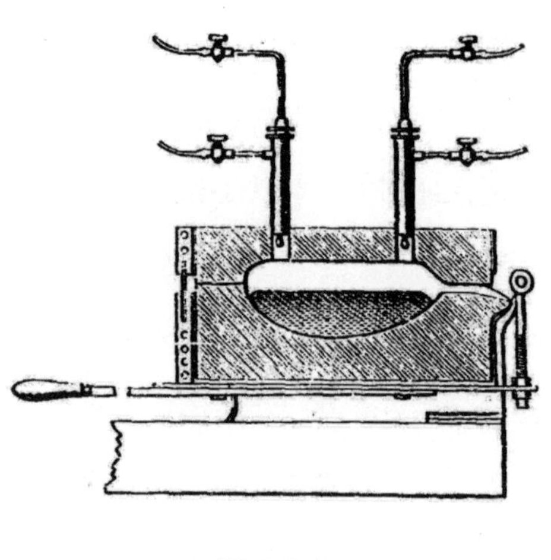

图三十九

我准备了一张简图（见图三十九），图上画的是德维尔使用的熔炉，不过它比他真正使用的熔炉更大，即使是他在一次性熔化 50 磅铂时使用的熔炉的大小也不及图上的一半。炉子是由上下两块石灰制成的，石灰能耐高温，并且形状不会发生变化，由于石灰的导热性极差，它能很好地防止热量的流失。虽然我们看到石灰的前半部正在发生燃烧反应，我仍然可以随时触摸石灰的后半部而不至于被烫伤。德维尔获得了这样的石灰容器后，便拥有了既能盛放这些金属又不会损失热量的容器。他用吹管穿过这些小孔，把气体吹入容器内并与金属接触，金属逐渐熔化。然后，他从上方的洞口向容器里加入更多的金属。燃烧的产物从我们看到的这个洞口流出。如果剩下一些条状的铂，他就把它们推进热气流进入的洞口，它们便会达到红热和白热状态，然后汇入熔化的铂当中。于是他通过这种方式熔化了大量的铂。铂熔化后，他便取下上层的石灰，下层的石灰像一个坩埚，把坩埚里的剩余物倒出后便得到了铂铸件。他用这样的熔炉一次性炼制了四五十磅铂。在高温的作用下，我们已经无法直视这些金属了，铂发出的强光始终保持一致，没有光影分界，也没有明暗变化，即使往里看，我们也看不到金属和石灰在哪里，它们已经变成一个整体了。因此，我们设计了一个带手柄的平台，它可以围绕轴线转动，并且与用来倾倒金属的凹槽相符合。一切就绪后，戴着深色眼镜的工人便会取下上层石灰，抬起把手，把铸模放在合适的位置，从而确保液体沿着轴线流出。这种工艺在应用过程中从未引发受伤事件。大家知道使用这个容器来盛放水银时必须非常小心，以免它向一侧倾翻，可是如果用它来盛放熔化的铂，我们必须打起十二分精神，因为铂的重量是汞的两倍，但是工人们在操作过程中从未受过伤。

我在前面提到过德维尔依靠强大的热量来带走蒸汽，下面我要演示蒸汽是如何被带走的。这是一盆水银，大家知道水银很容易沸腾，从而使我们有机会观察会给我们带来启发的事实和原理。如果把电池的两极与水银相连，我们便得到了大量的蒸汽。水银正在迅速地蒸发，如果我愿意，我可以让身边的人们都沐浴在水银蒸汽里。所以，如果我们用同样的方式来处理这块铅，铅块也会释放出蒸汽。请观察这些蒸汽，尽管铅块与外界空气隔绝而无法形成一氧化铅，仍然有大量的烟气从铅块上升起。我也可以用一块金子来为大家演示相同的效果，我把这块金子放在巴黎石灰岩的干净表面上，用吹管给它加热，热量便驱散了蒸汽，如果大家在讲座的最后注意观察，便会在石头的表面看到一块浓缩的黄金，那就是黄金挥发的证据。银也会产生相同的效果。有时我会交替使用不同的物质来证明一个观点，想必大家对此已经习以为常了。无论利用电池组还是吹管进行加热，金和银的挥发性是相同的。现在，我把一个由碳制成的坩埚放在电池组

⋮

的两极之间，坩埚里放一块银。请看，银散发出烟气，这种烟气是绿色的，看起来独特而又美丽。接下来我们要为大家展示将银加热至沸腾的这一流程，并把过程用电灯投影在大家面前的屏幕上。助理正在好心地帮我们调试电灯，与此同时我想告诉大家德维尔原本不准备介绍我提到的这些不相关的物质，只有两个除外——铱和铑，他说，铱和铑确实能提高铂对酸液的抗性。铂合金中铱和铑的含量高达25%，铂的化学惰性因而增加，同时增加的还有延展性和其他物理性质。屏幕上这张颠倒的图像就是我们刚才看到的银在加热时的现象，围绕在银周围的蒸汽是电池组放电造成的，从而形成了我们看到的美丽的绿色光束。如果请助理打开上方的灯，我们将看到数量庞大的烟气从洞口逸出，立即体现出银的挥发性。

我的不完美的讲述到这里就要结束了。很抱歉我无法让大家直接看到反应流程。我已经尽了最大努力，并且我知道善良的听众能够谅解我们，否则我也不会如此频繁地在这里举行讲座了。我能明显感受到每况愈下的记忆力和身体状况，因此每次出现在大家面前时，我必须不断回想大家的善

⋮

意来支撑自己完成任务。如果我不小心占用了太长时间，或者没能令大家感到满意，请别忘了这是你们希望我能留下来的缘故。我想退休了，我认为每个人都应当在年老体弱时退休，但我必须坦白我对这里的热爱，以及对经常来到这里的人们的热爱，是你们让我忘却了告别的时机。